山西省教育科学"十二五"规划课题
"网络文化背景下创新高校生态文明教育研究"
（课题编号：GH-15024）

协同发展视域下的
中国生态文明建设研究

郭永园　著

中国社会科学出版社

图书在版编目（CIP）数据

协同发展视域下的中国生态文明建设研究／郭永园著．—北京：
中国社会科学出版社，2016.12

ISBN 978 - 7 - 5161 - 9232 - 0

Ⅰ.①协…　Ⅱ.①郭…　Ⅲ.①生态环境建设—研究—中国
Ⅳ.①X321.2

中国版本图书馆 CIP 数据核字（2016）第 266528 号

出 版 人　赵剑英
责任编辑　杨晓芳
责任校对　郝阳洋
责任印制　王　超

出　　版　中国社会科学出版社
社　　址　北京鼓楼西大街甲 158 号
邮　　编　100720
网　　址　http://www.csspw.cn
发 行 部　010 - 84083685
门 市 部　010 - 84029450
经　　销　新华书店及其他书店

印　　刷　北京明恒达印务有限公司
装　　订　廊坊市广阳区广增装订厂
版　　次　2016 年 12 月第 1 版
印　　次　2016 年 12 月第 1 次印刷

开　　本　710 × 1000　1/16
印　　张　13.25
插　　页　2
字　　数　221 千字
定　　价　49.00 元

目　　录

第 一 章

绪　　论

　　党的十八大报告把中国特色社会主义建设的总布局明确为经济建设、政治建设、文化建设、社会建设、生态文明建设的"五位一体"格局。生态文明建设被置于更加突出的地位。这是对中国特色社会主义建设总目标的全新诠释和科学定位，是我们党在总结实践经验、反思现实情况的基础上提出的先进领导理念，是对中国特色社会主义事业的进一步完善，具有重大而深远的历史意义和现实价值。十八大报告提出社会主义建设要"更加注重协同创新"，破除传统的社会主义建设中的行业、部门分割，促进资源的优化配置，发挥其协同效用。因此，协同发展也就成为生态文明建设的基本模式。本书就是顺应这一时代要求而展开的。

第一节　选题依据

一　时代背景

　　生态文明建设是关系人民福祉、关乎民族未来的长远大计。党的十七大报告提出建设生态文明，我国成为世界上第一个正式提出建设生态文明的国家。党和国家高度重视生态文明建设，把生态环境保护作为经济社会发展的重要战略目标，将建设资源节约型、环境友好型社会作为加快转变经济发展方式的重要着力点，大力促进生态文明建设事业发展，环境治理和生态保护取得诸多成就。党的十八大报告将生态文明建设提高到国家长远发展核心战略的高度，提出建设美丽中国、推进中华民族永续发展，并从理念、方针、目标、任务等方面，全面阐释了生态文明建设的具体路径和保障措施。十八届三中全会通过的《中共中央关于全面深化改革若干重大问题的决定》（以下简称《改革决定》），进一步强调加强生态文明建设，尤其是要通过建立严格、完善的制度体系来保障生态文明建设进程的顺利推进①。生态文明建设从以探索为主转向以整体推进为主，生态文明建设在我国全面展开。因此，在中国特色社会主义事业的发展进程中，生态文明建设被置于突出地位，要融入经济建设、政治建设、文化建设、社会建设各方面和全过程。生态文明建设成为中华民族的发展目标和前进方向，既是中华民族伟大复兴中国梦的主要内容，也是中国梦的具体化和丰富化。我国已经步入生态文明建设的新时代。

二　现实依据

其一，生态文明建设与经济、政治、文化和社会建设相脱节，严重制约着经济社会的可持续发展。经济与生态文明建设不协调，传统粗放型的发展方式导致生态环境日益恶化，经济的高速发展过度消耗了自然资源，严重破坏了生态环境，也严重损害了经济社会的可持续发展能力。政治与生态文明建设不协调，政治体制改革缓慢、政府职能转变不到位，行政管理体制不健全、法治建设依然薄弱，现代化的国家生态文明建设体制还未建成，已经严重制约了市场经济的深化与进一步发展。社会/文化建设与生态文明建设不协调，无法为生态文明建设提供良好的社会文化氛围和智识支撑。

其二，生态文明建设系统内部构成要素之间发展失衡。生态价值观脱节于生态系统规律，进而导致了单一化的生态价值观。受此价值观影响，加之制度设计固有的局限性，形成了分割治理的制度体系。由于价值观和制度缺陷的作用使得生态系统的运行处于失序的状态，生态压力日趋增强，环境污染严重，生态系统退化严重。

其三，生态文明建设各自为政，整体性的生态文明建设被行政区划所割裂，区域之间的生态文明建设缺乏协同性。以跨区域的大气污染问题和以流域性的水污染问题为代表的区域性生态问题层出不穷，呈现出高速增长的趋势，成为生态环境整体恶化的一个主要原因。

①《中共中央关于全面深化改革若干重大问题的决定》，http：//news. xinhuanet. com/politics/2013 - 11/15/c_ 118164235. htm，2014 - 05 - 27。

第二节 文献综述

一 生态文明概念

国外与生态文明相关的理论有生态后现代主义、后工业社会、生态现代化、后工业文明等。生态后现代主义（ecological postmodernism）是后现代文化思潮的一个重要组成部分。生态后现代主义从整体性、系统性的角度阐述了社会与生态文明建设协同发展所必需的一种"真"的世界观，并且提出了一系列生态文明建设的构想，其代表人物是查伦·斯普瑞特奈克。生态后现代主义是认为生态危机是以经济人假设为核心的导致的现代性危机，使得自然成为毫无意义的存在物。因此，生态后现代主义要改变现代性的思维，将自然作为一种与人类平等的共同体①。

后工业社会的概念是由丹尼尔·贝尔提出的。后工业社会虽然没有直接论述生态文明的相关问题，但是强调以科技信息革命驱动的社会发展会有效地降低传统社会的生态破坏②。在 20 世纪 80 年代，西方学术界提出了生态现代化的概念，主要是指通过使用新的创新模式，实现经济增长与环境保护的双赢，确保人类的可持续发展③。

国内学者对生态文明概念的界定大致有两种类型。一种是广义的生态文明建设概念，即认为生态文明是人类在农业文明、工业文明之后所经历的一个新的发展阶段，其特征是各产业实现了生态化的革命④⑤⑥⑦⑧。另

---

① ［美］查伦·斯普瑞特奈克：《真实之复兴：极度现代的世界中的身体、自然和地方》，张妮妮译，中央编译出版社 2001 年版，第 4—5 页。

② ［俄］B.J.L. 伊诺泽姆：《后工业社会与可持续发展问题研究》，安启念译，中国人民大学出版社 2004 年版，第 12—13 页。

③ 王宏斌：《生态文明建设与社会主义》，中央编译出版社 2011 年版，第 5 页。

④ 俞可平：《科学发展观与生态文明建设》，《马克思主义与现实》2005 年第 4 期，第 4—5 页。

⑤ 欧阳志远：《关于生态文明建设的定位问题》，《光明日报》2008 年 1 月 29 日。

⑥ 王治河：《中国和谐主义与后现代生态文明建设的建构》，《马克思主义与现实》2007 年第 6 期，第 46—50 页。

⑦ 高长江：《生态文明建设：21 世纪文明发展观的新维度》，《长白学刊》2000 年第 1 期，第 7—9 页。

⑧ 王如松：《略论生态文明建设》，《光明日报》2008 年 4 月 8 日。

一种是狭义的生态文明建设概念，认为生态文明是社会有机体的一个部分，与物质文明、精神文明、政治文明以及社会文明构成了完整的社会系统，是人类在处理人与自然关系一切文明成果的总和①②。

二　生态文明建设的主要内容

按照唯物史观的社会结构理论，生态文明与物质文明、精神文明、政治文明、社会文明是并列关系而不是包含关系。建设社会主义的物质文明、精神文明、政治文明与建设生态文明建设是互为条件、相互促进、不可分割的一个整体③④。因此，生态文明建设要与物质文明、精神文明、政治文明、社会文明建设统一与协调。物质文明是生态文明建设的物质基础；政治文明为生态文明建设提供法律、制度、体制、机制、政策等各方面的保障；精神文明是生态文明建设的强大动力，为建设生态文明建设提供理论支撑、精神动力、文化条件和智力支持；社会文明为生态文明建设提供良好的社会环境⑤⑥。叶峻的《社会生态学与协同发展论》在深入研究可持续发展战略的基础上，在国内率先提出了生态建设协同发展战略的新构想。该研究将协同学的理论与方法引入社会发展战略研究以后，通过人类社会子系统、生态环境子系统、社会经济子系统的协同作用，社会经济与生态文明建设的协同发展系统也会产生各个子系统所不具有的系统结构、功能和特性，进而实现人类社会、生态环境、经济系统协调同步发展即社会经济与生态文明建设的协同发展的系统目的⑦。

学界普遍认为，生态文明建设的主要内容集中在：加快转变经济发展方式，努力形成节约能源资源和保护生态环境的产业结构、增长方式、消

---

① 赵建军：《加快推进生态文明建设制度建设》，《光明日报》2012 年 12 月 25 日。

② 张巨成：《努力实现人与自然和谐发展》，《人民日报》2011 年 2 月 9 日。

③ 俞可平：《科学发展观与生态文明建设》，《马克思主义与现实》2005 年第 4 期，第 4—5 页。

④ 张云飞：《生态文明建设：中国现代化的生态之路》，《理论视野》2008 年第 10 期，第 27—30 页。

⑤ 杜秀娟：《马克思恩格斯生态观及其影响探究》，博士学位论文，东北大学，2008 年，第 67 页。

⑥ 刘湘溶：《我国生态文明建设发展战略研究》，人民出版社 2013 年版，第 135—137 页。

⑦ 叶峻：《社会生态学与协同发展论》，安徽大学出版社 1999 年版，第 1—9 页。

费模式；大力发展循环经济、绿色经济；加强教育、宣传与立法，提高全民的生态意识；加大生态环境保护力度，强化资源保护与管理；加强生态文明建设的规划、管理与实施；积极应对全球气候变化，发展低碳经济和低碳产业；建立健全有利于生态环境保护的体制机制等。其中核心是经济发展方式的转变，根本保障是制度创新，用最严格的法律保障生态文明建设①。

在制度设计层面，学者们认为生态文明建设必须要对现有法律进行修改和完善，以适应生态文明建设的需要。生态文明建设涉及社会、经济、资源、环境各个方面，是对传统经济发展模式、环境治理方式以及相关战略和政策的重大变革，迫切需要在法律领域进行一次重大的变革，把生态文明建设的内在要求写入宪法，最好是制定一部能够统领全局的生态基本法②。

学界对生态文明建设的概念和内容进行了较为充分的研究，也提出了生态与经济、政治、文化协调发展的理念。这些都是本书重要的理论参考，但现有的研究尚有完善发展的空间：其一，研究生态文明建设协调发展的文献基本是延续着生态与经济、政治、文化和社会等社会有机体之间的协调发展关系，将生态作为一个社会有机体的子系统，而对生态文明建设子系统构成要素的协同发展关系关注不多。其二，研究在理念和结论分析方面存在割裂的可能。传统的生态文明建设理念较多地将可持续发展等同于生态环境建设，这是在工业文明的视域下设计环境保护的路径与战略，依然是以人类为中心、以经济发展为指向。这导致了部分研究在价值观念层面认同生态文明，但在具体论述和路径设计时却延续了传统的工业文明发展模式，将生态文明建设简单化为环境保护。其三，在分析方法上，关于生态文明建设研究主要采用的哲学思辨、价值规范分析等研究方法。马克思认为科学只有当它能够成功地运用数学时，才达到了完善的地步。因此，生态文明建设的研究需要以数理分析为基础的实证研究的

① 杜群：《我国生态综合管理的政策与实践——生态功能区划制度探索》，载《环境法治与建设和谐社会——2007年全国环境资源法学研讨会（年会）论文集》（第三册），2007年，第8页。

② 曹明德：《生态法原理》，人民出版社2002年版，第1—5页。

支撑。

三 跨区域生态文明建设

生态文明建设是一个综合性的系统工程，要求各区域实现整体联动、协同推进①②③。

跨区域生态问题产生的根源是整体性的生态治理被行政区划割裂，进而使生态问题呈现出"脱域"特征，引发跨区域的生态风险、生态事件甚至是生态危机。要实现对"脱域"生态危机的有效治理就必须实现区域内各行政区政府的良性合作，形成生态文明建设上的集体行动。理念认知差异、利益结构差异和制度机制缺失是政府间生态合作治理存在的三大困境。因此，实现跨区域生态合作治理的有效路径应从认知的协调统一、相关制度的优化完善及利益的协调来寻求④。

中央和地方政府的协作是区域生态文明建设研究的重点。研究主要有经济学和行政管理学两个视角。经济学的研究通常是以环境治理投入为切入，分析地方政府与中央政府在生态文明建设中的博弈。通过分析环境治理、财政支出比例选择的差异的博弈模型分析，认为中央通过积极推动循环经济的发展、环境问责制度的实施有助于促使地方政府进行城市环境治理⑤。有学者提出用"协调结构—协调行为—协调结果"的分析框架将"关系主导"的本土化特征纳入区域生态文明建设的央地关系协调中，试图构建跨区域生态文明建设的自主理论⑥。

行政管理学的研究主要借助于对行政权力配置的分析而展开，而这其

---

① 方世南：《区域生态合作治理是生态文明建设的重要途径》，《学习论坛》2009 年第 4 期，第 40—43 页。

② 杨莉、康国定、戴明忠等：《区际生态环境关系理论初探——兼论江苏省与周边省市的环境冲突与合作》，《长江流域资源与环境》2008 年第 6 期，第 955—961 页。

③ 李英：《区域环境合作与可持续发展法制初探》，《法学家》2007 年第 2 期，第 132—136 页。

④ 金太军、唐玉青：《区域生态府际合作治理困境及其消解》，《南京师大学报》（社会科学版）2011 年第 5 期，第 17—22 页。

⑤ 余敏江、黄建洪：《生态区域治理中的中央与地方府际间协调研究》，广东人民出版社2011 年版，第 15—20 页。

⑥ 洪璐、彭川宇：《城市环境治理投入中地方政府与中央政府的博弈分析》，《城市发展研究》2009 年第 1 期，第 70—74 页。

中又可以划分为两个层次。一个是规范研究，即集中于中央政府生态管理
机构的设置特点和存在的主要问题，如职能分割、职能转变不到位、政企
不分、政资不分、决策与执行不分、地方保护、对市场手段重视不足等，
并相对应地提出了重构政府生态管理的基本原则和具体建议，包括整合中
央部门职能、剥离国有生态资源的经营职能、相应调整地方政府生态管理
职能、创新生态管理职权运行机制①。另一个是有明确问题导向的实证研
究，如以中央与地方行政权力配置为视角研究环境影响评价审批权。相关
研究通过分析建设项目环境影响评价审批权力的配置情况指出，由于环境
评价权限设置不合理、制度规范粗疏等问题，导致管理的存在诸多问题而
无法实现协同治理。学者们提出通过行政法规规范审批权力配置、淡化规
范性文件作用、强化中央对地方的监管、加强中央与地方的沟通机制等措
施，建构中央与地方有效的沟通协调程序②。

横向的区域间生态合作治理是目前国内学界跨区域生态文明建设中最
为关注的领域。学者们认为横向的区域合作应当成为区域生态文明建设的
主要途径。就研究视角而言，有行政管理学、法学和经济学的视角。

行政管理学的研究通常是在整体性治理的话语体系中展开，聚焦于主
体治理理念、组织结构、运行机制和技术系统等，剖析生态环境治理的碎
片化困境形成机理，借鉴国外的成功经验并且结合我国的实际情况，认为
应当从体制、政策和支撑体系三个方面创新跨行政区环境管理协调
机制③④⑤。

法学学者多是从环境法的角度去分析区域生态立法、执法合作和司法
解决等问题。在立法层面，跨区域环境管理领域的法律存在重复立法、立
法形式不协调、法规内容存在冲突等问题，在区域之间实现环境协同治

---

① 高小平：《政府生态管理》，中国社会科学出版社 2007 年版，第 57—87 页。
② 刘志欣：《中央与地方行政权力配置研究》，博士学位论文，华东政法大学，2008 年，第 1 页。
③ 杨妍、孙涛：《跨区域环境治理与地方政府合作机制研究》，《中国行政管理》2009 年第 1 期，第 66—69 页。
④ 胡佳：《跨行政区环境治理中的地方政府协作研究》，博士学位论文，复旦大学，2011 年，第 1—2 页。
⑤ 马强、秦佩恒、白钰等：《我国跨行政区环境管理协调机制建设的策略研究》，《中国人口资源与环境》2008 年第 5 期，第 133—138 页。

理，应当完善区域生态管理立法与政策、完善的公众参与机制，通过统一实体法、建立区域环境法等制度性结构的途径解决合作困境，以此实现跨行政区生态事务的良治①②③④。在执法层面，生态文明建设主要依托于环境行政管理。因此，实现跨区域生态文明建设的协同发展重点就是实现执法部门的协同合作。通过环境行政协助提高区域环境管理效率，通过建立和完善生态行政协助制度，促使各生态职能部门展开有效合作，形成生态执法合力，打破部门分割⑤⑥。在司法层面，研究表明司法是社会关系的调节器，是法律制度实现的核心保障。实现跨区域生态文明建设体系和能力的现代化，核心就是法治化，而法治化的保障就是发挥司法在处理跨区域生态文明建设中的重要作用。通过强化区域环境法治的程序性理念、确保司法在区域环境纠纷中的终局裁判价值、引导和规范区域环境合作实践，将其纳入法治渠道⑦。

　　跨区域生态问题已被国内外学界共同关注，通过法学、政治学、管理学等学科理论对这一领域的相关问题展开了多方位研究，为本书提供了有益的启示。就我国的区域生态问题研究而言，主要为大陆学者研究，通过与国外研究比较发现既有研究仍存在部分不足和有待完善之处。

　　第一，研究的整体性欠佳。西方国家跨区域生态问题研究与国内研究相比更具有整体性、系统性，主要体现在跨区域生态问题研究的"属理论"与该问题研究的基础理论和实证分析的契合度两个方面。区域关系（inter-regional relationship）或者是府际关系（inter-government relationship）

---

①　王灿发：《我国跨行政区水环境管理的政策和立法分析》，载《2003 年中国环境资源法学研讨会》（年会），2003 年，第 446—457 页。

②　马燕：《我国跨行政区环境管理立法研究》，《法学杂志》2005 年第 5 期，第 86—88 页。

③　马小玲：《粤港环境合作：问题、解决方法及紧迫性》，载《探索·创新·发展·收获——2001 年环境资源法学国际研讨会论文集》（下册），2001 年，第 6 页。

④　秦鹏：《区际生态补偿：法律意义、制度价值与立法构想》，载《水污染防治立法和循环经济立法研究——2005 年全国环境资源法学研讨会论文集》（第三册），2005 年，第 4 页。

⑤　王勇：《行政执法中的行政协助问题研究——以环境保护行政执法为例》，《行政与法》2011 年第 6 期，第 38—42 页。

⑥　王曦、邓旸：《我国环境管理中行政协助制度的立法思考》，《中国地质大学学报》（社会科学版）2012 年第 4 期，第 31—39、139 页。

⑦　肖爱：《我国区域环境法治研究现状及其拓展》，《吉首大学学报》（社会科学版）2010年第 6 期，第 109—113 页。

理论是对各种跨区域公共事务管理的宏观性理论，对具体区域公共问题管理具有普遍性的指导意义，因而是区域生态问题研究的理论支撑。美国由于存在诸多现实的州际纠纷而出台相应调整方式，如1787年美国宪法中的"州际贸易条款"（Inter-state Commerce）、1851年联邦最高法院的"库利法则"（Colley's Doctrine）等使得区域问题研究起步较早，目前已经形成相对成熟的跨区域治理理论体系，对跨区域生态问题研究也比较系统。宏观层面有成熟完善、自生自发的基础理论指导（治理理论、多中心治理）；中观层面有区域生态问题的基本架构分析（州际协议、司法裁决、联邦与地方合作）；微观层面则有具体实施方式评析（联席会议结构、财税手段分析等）。而我国对跨区域生态问题的研究大致始于20世纪末21世纪初，目前还处于对西方理论的译介、传播和对相关问题的描述性研究中，而缺乏有解释力的基础理论。现有研究在使用的府际关系理论、治理理论、多中心治理理论时均缺乏中国国情的"过滤"，更多的是直接套用，导致在生态文明建设研究中出现"西方问题的中国再现"情形。

第二，研究的问题指向模糊。既有研究问题指向不明主要是指三个方面：首先，对区域的界定模糊，多是抽象层面的区域政府协调合作，较少地结合不同的层级的地方政府展开分析。其次，分析依据单一，忽视不同主体功能区内的区域协同治理的理论建构和战略设计；最后，将现存的区域合作困境简单归因于地方利益和现有体制，缺乏对深层诱因的理论逻辑和科学性解析。

第三，研究对象因素单一。生态是一个完整的系统性构成，生态文明建设因而是一种整体性治理，但是现有研究对象较为单一。就研究生态要素而言，主要侧重在地表水资源研究，对大气、土地、森林等生态要素关注不够；就生态运行阶段而言，主要关注环境污染的防治，而对生态规划、监测、维护建设等方面研究涉略甚少。

第三节　研究方法

一　历史与逻辑相统一的方法论

历史与逻辑的统一是马克思主义辩证逻辑的方法之一。逻辑与历史的统一是指思维的逻辑应当概括地反映历史发展过程的内在必然性，要求人们在科学研究和在建立科学理论体系时，要揭示对象发展过程与认识发展过程的历史规律性；在安排理论体系各个概念、范畴的逻辑顺序时，必须符合被考察对象历史发展的顺序。科学理论的逻辑进程与关于对象认识发展的历史进程相一致。

生态文明是一个世界性的历史发展过程，基于不同的国度和学科背景构建了相应的理论知识，以试图揭示其发展的内在规律和本质属性。本书同样将以此为出发，首先构建基于中国国情的生态文明的基础理论。其次，将我国生态文明建设的实践置于协同发展的视域中予以考察，以实现理论逻辑分析研究与社会实践的一致性，提高研究结果的实际效用。

二　规范与实证相统一的研究范式

规范研究方法是根据假设按事物内在联系运用逻辑推理得到结论，关注"应然"层面的研究，主要是一种价值判断的分析，通常关注研究对象"应该是什么、应当怎么样和应该怎样做"。实证研究方法是通过对从调查中得到的样本数据进行检验来验证关于被研究总体所作的假设与推理的过程，关注"实然"层面的研究，基本研究手段是一套质性与定量的工具性手段。实证研究通常是在规范研究所提供的价值理念的基础上开始寻找、说明并解释问题的，而规范研究借助于实证研究更为准确的方法、手段确保研究的清晰、科学。

在对生态文明建设的规范分析基础之上，即生态文明建设"应该是什么"的基础上，提炼出生态文明建设协同发展的"理想模型"，即"应当怎么样"以及"应该怎么做"。在分析生态文明建设实际情形时将质性研究（个案解剖、田野访谈等）与量化分析（数据分析、假设验证、模型分析、指标评价等）混合使用，试图全面、完整描述出生态文明建设的运行轨迹和发展规律。

三　质性与量化相结合的技术方法

质性研究方法主要有质性的文献分析法和案例分析等；量化分析方法主要是博弈论分析、数据统计分析等。通过质性研究方法和量化研究方法的结合以可能全面地解析生态文明建设。

文献分析法是指根据一定的研究目的，通过调查文献来获得资料，从而全面、准确了解掌握所要研究问题的一种方法。本书的文献研究方法运用包括质性与量化两个方面。质性层面的文献研究主要是收集、鉴别、整理既有的生态文明建设和协同发展的研究文献。该方法通过对文献的深入分析，明晰目前相关研究的状态、存在的问题和未来的发展方向，构建分析框架和确立研究切入点。量化层面的文献分析法主要是通过政府网站、媒体报道、统计年鉴、政府文件等提供的有关数据，描述生态文明建设的运行轨迹，找出其发展脉络，把握未来发展趋向。

博弈论分析是使用严谨的数学模型研究冲突对抗条件下最优决策问题，最典型的是"囚徒困境"分析方法。本书将应用该方法对不同层级区域生态文明建设过程中的主体行为进行深入分析，剖析其中的多维利益博弈，找寻影响跨区域生态文明建设合作程度的相关因素和化解途径。

数据统计分析具体包括描述性统计、方差分析、相关分析等传统的统计研究以及目前国际社会科学界兴起的空间统计分析。通过对生态文明建设相关数据进行统计分析，实现了对生态文明建设的协同发展现状的科学分析。本书运用了目前国际主流的空间统计分析软件 ArcGIS 10.2 和 OpenGeoda 等，对省区的不同生态文明建设指标进行了描述性和解释性的空间统计分析。

案例分析对本书的贡献主要在于两个方面。一是佐证本书提出的基本理论和分析框架。二是通过具体个案实现了对跨区域生态文明建设问题探索、描述、解释性证明。

第四节　创新之处

一　研究视角的创新

已有生态文明建设协调发展的研究基本是延续着生态与经济、政治、文化和社会等社会有机体之间的协调发展关系，而对生态文明建设子系统自身内部的协同发展和区域之间的生态文明建设的关系关注不多。本书构建三维的协同发展分析框架研究生态文明建设问题，不仅关注生态子系统与其他社会有机体部分之间的协同发展关系，也关注生态文明建设系统内部的协同发展关系，而且将以往研究忽视的空间维度纳入其中。

二 研究方法的创新

传统的马克思理论学科的生态文明建设研究主要采用的哲学思辨、价值规范分析等研究方法。马克思认为一门学科成为科学的标志是可以用数理公式加以缜密表达。因此，本书尝试在马克思主义理论学科中使用经典数理统计、博弈论模型分析以及空间统计分析等数理研究方法。这是一种尝试，试图拓展了马克思理论学科的研究方法。

三 研究内容的创新

首先，本书从学理研究和经验出发阐述了生态文明建设融入社会主义建设的实现路径，即实现经济、政治、文化、社会与生态文明建设协同发展的主要方式。其次，将生态文明建设解构为资源环境、价值理念和制度体系三个部分，论证了制度体系建设是实现生态文明建设系统内部协同发展的核心所在。最后，本书对区域生态文明建设进行了较为全面的实证分析，提出实现区域生态文明建设协同发展要以构建以软法为主的混合型生态化法治体系为依托的基本观点。

本书还提出一些独创的观点，如宪法的生态化、生态化党的领导方式、生态化法治体系、文化建设的三个层次、生态化人口生产、综合性生态文明建设制度体系、软法之治等。

第 二 章

分析基础

　　分析基础包括作为学理依据生态文明建设理论和作为逻辑架构理论来源的协同学理论。生态文明建设理论是中国特色社会主义实践对马克思主义生态思想的创新和发展，包括马克思恩格斯的生态思想和中国特色社会主义生态文明建设理论。本书从协同学理论出发，立足基本国情，构建了"三位一体"的协同发展逻辑架构。

第一节　生态文明建设协同发展的理论渊源

一　马克思恩格斯的生态思想

　　马克思恩格斯的著作中并没有预言在当代生态学的研究中被充分科学化的那些重要的问题，如生产、增长和发展的极限问题，地球资源和人口负载的有限性问题，以及生存环境污染问题等。在马克思恩格斯的叙述语境中，并没有出现这些问题是很自然的，也是完全可以理解的。因为当时资本主义的发展处于自由竞争的阶段，人类可能面临的生态危机几乎还完全处于被遮蔽的状态，但是并不可由此就否认马克思恩格斯生态思想的当代价值。正如萨特指出的那样，马克思哲学"仍然是我们时代的哲学，它是不可超越的，因为超越它的情形还没有被超越"①。研究马克思生态思想不是为了从其著作中找到解决生态危机的具体方案，而是运用马克思、恩格斯的思维来指导生态文明建设。经典的著作总能超越自身时代而迈入未来，为后来者参考借鉴，成为可贵的思想宝库。

---

① ［法］萨特：《辩证理性批判》，林骧华等译，安徽文艺出版社1998年版，第28页。

生态思想是人们在深入探讨环境问题的本质和规律基础上形成的关于生态问题的理论化和系统化的认识，有助于指导人们自觉协调人与自然环境关系、建设环境友好型社会。马克思恩格斯的生态思想是关于人与环境关系问题的理论化和系统化的认识概括，是辩证自然观、社会历史观、实践唯物主义、环境哲学和环境伦理学等诸多学科知识的有机统一①。

日本一桥大学教授岩佐茂在《环境的思想》中提出马克思环境思想的概念。他认为马克思环境思想集中地体现为辩证自然观和环境伦理思想，在关注资本主义"大量生产—大量消费—大量消费—大量废弃"的生活方式的同时去重新认识、改变人的生存方式，把生活方式与人的生存方式联系起来②。但是需要注意的是，马克思的生态思想不仅包括岩佐茂先生提出的环境思想，也有生态发展思想，即要在正确掌握自然规律的基础上实现人的自由全面的发展。

马克思恩格斯并没有专门对生态文明建设问题进行专门的论述，马克思恩格斯的生态文明建设思想散见于马克思的自然观、劳动观、历史观以及社会有机体思想等思想领域，散见于《1844年经济学哲学手稿》《德意志意识形态》《资本论》《哥达纲领批判》《政治经济学批判大纲》《论住宅问题》《英国工人阶级状况》《神圣家族》《自然辩证法》《反杜林论》等作品中。

马克思恩格斯的生态思想可以概括为四个组成部分：生态价值论、生态整体论、生态危机论及生态社会论。生态价值论是马克思恩格斯生态思想的旨归，体现了马克思恩格斯生态思想的目标追求。生态整体论是马克思恩格斯生态思想的显著特征，也是马克思恩格斯生态思想有别于其他环境思想的一个主要方面。马克思立足于唯物史观，摒弃了传统哲学思维中的人与自然二元对立的思想，提出人与自然是一个统一的社会有机体思想。生态危机论是马克思恩格斯生态思想的批判性的体现，通过对资本主义社会基本矛盾的分析指出，由于资本主义的本质决定了生态危机出现的必然性，将成为资本主义覆灭的重要原因之一。生态社会论是马克思恩格

---

① 方世南：《马克思环境思想与环境友好型社会研究》，生活·读书·新知三联书店 2014 年版，第 16 页。

② ［日］岩佐茂：《环境的思想》，韩立新译，中央编译出版社 1997 年版，第 6—8 页。

斯生态思想的未来观或者是马克思未来观中的生态维度。马克思在对资本主义生产方式的批判的基础之上提出了循环经济等可持续发展思想，通过物质生产方式的生态化，以克服人的异化尤其是人与自然的异化，实现人与自然的和解。

1. 生态价值论

马克思认为自然界对于人类的产生、生存和发展具有本源地位，是人类社会存在和发展的前提。首先，人是自然界的产物。历史本身是自然史即自然界成为人这一过程的一个现实部分，而人是自然界的产物，是在自己所处的环境中并且和这个环境一起发展起来的①。其次，人类的存续发展要以自然界所提供的物质资料为基础。人与自然通过"物质变换"实现人和自然之间物质变换的过程，使生物与自然环境之间维系着以物质、能量和信息交换为基本内容的有机联系。人是自然界中的一部分，人离不开自然界，要靠自然界生活。"人直接地是自然存在物，是自然界中的一部分，人离不开自然界，要靠自然界生活：现实的、有形体的、站在稳固的地球上呼吸这一切自然力的'他'本来就是自然界，直接地是自然存在物，是自然界的一部分。"② 基于此，马克思坚持人与自然统一的观点，反对将两者对立。恩格斯指出，自然科学的发展使人类有能力认识并控制"由我们最常见的生产行为所造成的较远的自然后果。而这种事情发生的越多，人们就越是不仅再次感觉到，而且也认识到自身和自然界的一体性，而那种把精神和物质、人类和自然、灵魂和肉体对立起来的、反自然的观点，也就与不可能存在了"③。

在价值的具体内容上，马克思认为生态对于人类社会有两个方面的价值。一方面，自然界是人类生存和发展的外部环境，为人类提供生存、享受和发展的资料。"感性的外部世界"是人类存续的客观环境和首要条件，为人类的劳动实践提供物质资料④。另一方面，马克思从经济学的角度论证了生态的经济价值。马克思认为自然资源是社会财富，自然资源是

---

① 《马克思恩格斯全集》第 42 卷，人民出版社 1979 年版，第 128 页。

② 《马克思恩格斯文集》第 1 卷，人民出版社 2009 年版，第 209 页。

③ 《马克思恩格斯全集》第 20 卷，人民出版社 1971 年版，第 519 页。

④ 余谋昌：《马克思和恩格斯的环境哲学思想》，《山东大学学报》（哲学社会科学版）2005 年第 6 期，第 83—91 页。

商品价值的来源，因此生态具有使用价值，通过劳动而实现人与生态系统之间的"物质交换"。马克思在《资本论》中论述道，"种种商品体，是自然物质和劳动这两种要素的结合……劳动是财富之父，土地是财富之母"①，"劳动加上自然界才是一切财富的源泉，自然界为劳动提供物料，劳动把物料转变为财富"②。"土地"在此表征生态系统，表示商品的价值是工人通过对自然资源的社会劳动而实现的。"自然界给劳动提供生产资料，没有劳动加工的对象，工人创造价值的社会劳动就不能存在。"③

生态的经济价值的另一个内涵是指社会分工依赖自然而发展。人类社会改造世界和实现自我的发展并不是凭空想象的，劳动进步和社会分工也不是孤立的、单向度的，这必然要以一定的自然环境为依托，尤其是在自然经济为主导的社会形态中。生态的多样性是社会分工的产生和强化的重要条件，而且对社会的产业分化和发展起着决定性的作用。"资本的祖国不是草木繁茂的热带，而是温带。不是土壤的绝对肥力，而是它的差异性和它的自然产品的多样性，形成社会分工的自然基础，并且通过人所处的自然环境的变化，促使他们自己的需要。能力、劳动资料和劳动方式趋于多样化"④。

马克思恩格斯的生态价值观的延伸是尊重自然的思想。恩格斯认为人类的物资生产和生活必须要顺应自然的客观规律，尊重自然，唯有人与自然的和谐共生方可实现人类社会的永续发展。如果违背自然规律，破坏生态环境，那么人类社会将会遭遇自然界的报复，必然会出现"违反自然的，满目疮痍的自然界"⑤。恩格斯先知般地指出，"我们不要过分陶醉于我们对自然界的胜利。对于每一次这样的胜利，自然界都在对我们进行报复……我们统治自然界绝不像统治者统治异族人那样，决不像站在自然之外的人似的去支配自然界——相反，我们连同我们的肉、血和头脑都是属于自然界和存在于自然界之中的；我们对自然界的整个支配作用，就在于我们对自然界的整个支配作用，就在于我们比其他一切事物强，能够认识

---

① 《马克思恩格斯全集》第 23 卷，人民出版社 1972 年版，第 56—57 页。

② 《自然辩证法》，人民出版社 1984 年版，第 295 页。

③ 《马克思恩格斯选集》第 1 卷，人民出版社 1995 年版，第 42 页。

④ 《马克思恩格斯全集》第 44 卷，人民出版社 2001 年版，第 597 页。

⑤ 《1844 年经济学哲学手稿》，人民出版社 1979 年版，第 87 页。

和正确运用自然规律"①。

2. 生态整体论

马克思恩格斯的生态整体论首先是指人与自然是辩证统一的整体。马克思认为人与自然是一种辩证的关系，即人类社会是自然的产物，同时反作用于自然界，把生态问题看作是自然和社会两个方面互动的消极结果。恩格斯认为人是自然界不断发展进化的产物，自然界是人类赖以生存和发展的物质基础。"达尔文第一次从联系中证明，今天存在于我们周围的有机自然物，包括人在内，都是少数原始单细胞的长期发育过程的产物，而这些胚胎优势有哪些通过化学途径产生的原生质或蛋白质形成的。"② 因此，人类是在自然界中孕育的，自然是人类的产生和发展必不可少的互动主体③。人类活动对自然界有能动的反作用，正是由于人类的能动作用才使得人类社会由原始的蒙昧时代进入文明社会，即"手的专业化意味着工具的出现，而工具的出现意味着人所特有的活动，意味着人对自然界的具有改造作用的反作用，意味着生产"④。人的实践活动"不仅迁移了动植物，而且也改变了他们的居住地的面貌、气候，甚至还改变了动植物本身，以致他们活动的结果只能和地球的普遍灭亡一起消失"⑤。

马克思恩格斯的生态整体论另一个层面的含义是生态系统是整个社会有机体的一个部分。唯物史观认为人类社会是一个具有特定结构、功能、发展规律的有机开放系统，是活动和发展着的社会有机体，要对人类社会进行系统的把握，反对孤立地、片面地、静止地和机械地看人类社会。马克思在 1847 年《哲学的贫困》中指出，社会是一切关系在其中同时存在而又相互依存的社会机体⑥。马克思认为人类社会是由经济结构、政治结构和文化结构相互联系相互作用的一个有机整体。社会不是坚实的结晶体，而是一个能够变化并且经常处于变化过程中的有机体⑦。按照人们社

---

① 《马克思恩格斯文集》第 9 卷，人民出版社 2009 年版，第 559 页。

② 《马克思恩格斯选集》第 4 卷，人民出版社 1995 年版，第 245—246 页。

③ 《1844 年经济学哲学手稿》，人民出版社 1979 年版，第 120 页。

④ 《马克思恩格斯选集》第 4 卷，人民出版社 1995 年版，第 272—273 页。

⑤ 《马克思恩格斯选集》第 1 卷，人民出版社 1995 年版，第 143 页。

⑥ 同上。

⑦ 《马克思恩格斯选集》第 2 卷，人民出版社 1995 年版，第 102 页。

会交往活动的领域和社会交往的价值目标不同，社会有机体可划分为经济领域、政治领域、文化领域、生态领域。

3. 生态危机论

资本主义社会在马克思恩格斯的视野内存在两个基本矛盾。一个是生产力和生产关系之间的矛盾，即生产社会化与资本主义生产资料私有制之间的矛盾。另一个则是人与自然的矛盾，这也是由于第一个矛盾所导致，即资本主义生产方式无限扩张与有限的自然资源产生了不可协调的矛盾，其外显为频发的生态事件。资本主义生态危机的本质是资本主义的生产方式所产生的人类社会需求和自然界供给之间的对立，而且生态危机通常是与资本主义的经济危机相伴相生的[①]。

马克思在揭示出资本主义生产方式造成的生态危机同时，指出资本主义生态危机的全球性。由于资本主义生产开启了"世界历史"，资本主义的生产不是局限于某一区域，而是将全球作为其原料供应地、产品生产地和商品市场，使得资本对环境的破坏行为扩展到全球，环境污染和生态破坏发生了国际性转移。

4. 生态社会论

马克思认为未来社会是人自由而全面发展的社会，是人与自然、人与人和解的社会。恩格斯明确用"人类同自然的和解以及人类本身的和解"来表述未来社会人与自然、人与人之间的关系。"我们这个世纪面临的大变革即人类同自然的和解以及人类本身的和解。"[②] 共产主义不仅仅在社会生产关系上克服资本主义的异化束缚，还应当包括审美意义上的共产主义，良好的自然生存环境是共产主义的必须条件。人类本身的和解，即人与人之间社会关系的和解是人与自然关系和解的前提，离开了人与人的社会关系而妄图实现人与自然的单方面的和解是不可能的。马克思将构建生态文明建设社会作为克服资本主义生态危机、削减人与自然的异化的出路，通过生态文明建设社会的构建实现人与自然的和谐统一。

马克思认为实现人的全面自由发展与自然环境密不可分，自然环境是人类物质生产和生活的自然基础，因此也就成为实现自由全面发展的自然

---

① 《马克思恩格斯文集》第9卷，人民出版社2009年版，第562页。
② 《马克思恩格斯全集》第1卷，人民出版社1976年版，第603页。

形式内容。自然的发展变化是有规律的而且是可以被人类所认识的①。我们对自然界的统治之所以比其他一切生物强，就在于我们能够认识和正确运用自然规律。恩格斯认为人类社会之所以能够生成、繁衍、进化，其根本原因就在于人能够正确认识和运用自然规律为人类社会所服务。可以说，自然环境一直没有脱离马克思的人类解放理论范畴，与人类社会相结合后才成为马克思人类解放理论的分析基础。人与人的和解、人与社会的和解是人与自然和解的前提，人与自然的和解释人与人、人与社会和解的客观基础。换言之，共产主义不仅仅是实现人和人、人与社会的和解，实现人的解放和社会的解放，还要实现人、社会与自然界的和解。

马克思指出，一旦社会占有了生产资料，商品生产就将被消除，而产品对生产者的统治也将随之消除。社会生产内部的无政府状态将为有计划的自觉的组织所代替，个体生存斗争停止了。于是，人在一定意义上才最终地脱离了动物界，从动物的生存条件进入真正人的生存条件。恩格斯对社会占有生产资料的共产主义社会的特征进行了展望。所谓全社会占有全部生产资料，就是整个社会只存在一个经济主体，这个经济主体就是整个社会，除此之外，不存在任何其他的经济主体。社会占有生产资料，人们成为自己生产活动的主人，过去曾经统治着人们的生活条件受到人们的支配和控制，人们第一次成为自然界的自觉的和真正的主人，因为他们已经成为自己的社会结合的主人了，社会规律也为人们所熟练掌握。这时，人们由于认识和驾驭了自然和社会的必然性，就能够完全自觉地自己创造自己的历史，这就是共产主义社会即自由王国的到来，所以共产主义社会是人的自由得到充分实现的社会，是人自由自在地创造自己的生活的社会。

二　中国特色社会主义生态文明建设理论

无论是在中国特色社会主义革命阶段（新中国成立后到改革开放前）还是在中国特色社会主义建设阶段（改革开放后），党和国家高度重视环境保护和生态建设。在对马克思主义经典作家生态思想继承基础之上，立足中国国情，借鉴国内外相关的环境保护和生态建设建设思想，不断探索

---

① 《马克思恩格斯选集》第 3 卷，人民出版社 1995 年版，第 701 页。

并形成了具有中国特色的生态文明建设理论。

三 新中国成立初期生态文明建设思想

在继承马克思恩格斯生态思想的基础上，以毛泽东同志为核心的党的第一代领导集体立足国情，开始了我国社会主义生态文明建设事业的探索，创造性地发展了马克思主义生态思想。

1. 生态建设思想

以毛泽东同志为核心的党的第一代领导集体在新中国成立初期虽然没有明确提出社会主义生态文明建设的理论，但认识到要合理地建设社会主义，把社会主义中国建设的"更合理、更好一些"①。

毛泽东同志指出，社会主义建设不仅包括经济、政治、文化建设，还包括林业、河流等自然环境建设。"一个国家获得解放后应该有自己的工业，轻工业和重工业都要发展，同时要发展农业、畜牧业，还要发展林业。森林是很宝贵的资源。"② 毛泽东同志在 1956 年的《中共中央致五省（自治区）青年造林大会的贺电》向全国发出了"绿化祖国"的号召，1958 年在中央政治局工作会议上又提出"要使我们祖国的河山全部绿化起来，要达到园林化，到处都很美丽，自然面貌要改变过来"，一切能够植树造林的地方都要努力植树造林，逐步绿化我们的国家，美化我国人民劳动、工作、学习和生活的环境③。

第一代领导集体的生态建设思想还包括有水利建设、荒山治理等方面。第一代领导集体的生态建设思想主要是针对新中国成立初期社会主义建设所面临主要的生态环境问题而展开的，具有极强的现实性，属于生态文明建设的探索阶段。

2. 环境保护理念

第一代领导集体生态文明建设思想中的最具创新之处在于提出了环境保护的理念。我国参加了 1972 年的联合国人类环境会议，第一次全面深

---

① 中共中央文献研究室、国家林业局：《毛泽东同志论林业》（新编本），中央文献出版社 2003 年版，第 50—51 页。

② 同上。

③ 同上。

入地认识到,"维护和改善人类环境,是关系到世界各国人民生活和经济发展的一个重要问题,是世界各国人民的迫切愿望"①。1973 年,在周恩来总理的指导下,国务院召开了第一次全国环境会议。这次会议强调要改变了新中国成立以来只重视工业生产建设、忽视"三废"治理、环境污染日趋严重的状况,提出了"全面规划、合理布局,综合利用、化害为利,依靠群众、大家动手,保护环境、造福人民"的方针,制定了新中国第一部环境保护的综合性法规——《关于保护和改善环境的若干规定(试行)》②。

环境保护正式成为社会主义事业的组成部分,党和国家以及人民群众开始认识到社会主义国家也会面临生态危机,逐步认识到了环境保护对社会主义建设的重要价值,标志着环境保护事业的全面启动。

3. 发展生态经济

从唯物史观出发,第一代领导集体社会主义建设的目标是工业现代化,生态与经济协调发展并不是其关注的重点,但也存在发展生态经济的思想。

其一,综合利用生态资源。首先,综合利用生态资源是源于对马克思主义生态思想尤其是自然观的坚持:天上的空气,地上的森林,地下的宝藏,都是建设社会主义所需要的重要因素,而一切物质因素只有通过人的因素,才能加以开发利用③。其次,综合利用资源也是国情所决定。新中国成立初期,工农业生产力水平低下,各种资源材料十分稀缺,因此,第一代领导集体提出了实行"节约增产、综合利用"的方针。在《关于正确处理人民内部矛盾的问题》中提出要在全国范围内开展"增产节约反对铺张浪费"运动,"在六亿人口都要实行增产节约,反对铺张浪费。不仅具有重要的。这不但在经济上有重大意义,在政治上也有重大意义"④。

---

① 《我国代表团出席联合国有关会议文件集》(1972 年),人民出版社 1972 年版,第 256 页。

② 《中华人民共和国大事记(1949—2004)》(上),人民出版社 2004 年版,第 436 页。

③ 中共中央文献研究室:《毛泽东著作专题摘编》(上),中央文献出版社 2003 年版,第 1007 页。

④ 马克思、恩格斯、列宁、斯大林、毛泽东:《关于社会主义经济理论问题的部分论述》,新华出版社 1984 年版,第 238 页。

在提倡反对浪费，厉行节约的同时，毛泽东同志指出要提高资源使用效率："综合利用单打一总是不成，搞化工的单搞化工，搞石油的单搞石油，搞煤炭的单搞煤炭，总不成吧！煤焦可以出很多东西。采掘工业也是这样，采钨的就只要钨，别的通通丢掉。水利工程，管水利的只管水利，修了坝以后船也不通了，木材也不通了……综合利用大有文章可做。"①

其二，发展循环经济产业链。从农业大国的国情出发，毛泽东同志认为农业是一个完整的生态系统，不同产业相互联系，共同发展。因此，他提出了农业、林业、牧业、副业、渔业五业并举、循环发展的思想。"所谓农者，指的农林牧副渔五业综合平衡。蔬菜是农，猪牛羊鸡鸭鹅兔等是牧，水产是渔，畜类禽类要吃饱，才能长起来，于是需要生产大量精粗两类饲料，这又是农业，牧放牲口需要林地、草地，又要注重林业、草业。由此观之，为了副食品，农林牧副渔五大业都牵动了，互相联系，缺一不可。"②

第一代领导集体为实现生态效益和经济效益的并重而萌发了生态经济思想，虽然并不完整和系统，但对新中国成立初期的生态环境保护起到一定的积极作用。

四 改革开放后生态文明建设思想

以邓小平同志为核心的党的第二代中央领导集体，把环境保护确定为基本国策，强调要在资源开发利用中重视生态环境保护。以江泽民同志为核心的党的第三代中央领导集体强调要将经济发展与环境保护相统一，并把可持续发展确定为国家发展战略。以胡锦涛同志为总书记的党中央提出了科学发展观的重要思想，为生态文明建设理论奠定了重要基础。以习近平同志为总书记的新一届中央领导集体系统地阐述了生态文明建设思想，指出生态文明建设是社会主义事业的重要组成部分，积极推进生态文明建设的理论创新和实践探索③。

---

① 顾龙生：《毛泽东经济年谱》，中共中央党校出版社 1993 年版，第 623 页。

② 《毛泽东文集》第 8 卷，人民出版社 1999 年版，第 69 页。

③ 张高丽：《大力推进生态文明建设　努力建设美丽中国》，《求是》2013 年第 24 期，第 3—11 页。

1. 生态文明建设理念

改革开放之后迎来了经济的高速增长，但由于对生态环境的关注不够，重蹈了资本主义"先污染后治理"的覆辙，生态环境严重污染。在这一背景下，以邓小平同志为核心的党的第二代领导集体开始重新思考经济发展与生态环境的问题，重新认识生态环境在社会主义事业中的价值。1983 年召开的第二次全国环境保护会议提出"环境保护要与经济建设同步发展"①，将环境保护确定为基本国策，确定了"预防为主、防治结合""谁污染、谁治理"和"强化环境管理"的符合国情的环境保护方针②。以江泽民同志为核心的党的第三代领导集体进一步指出，要实施可持续发展战略，核心就是"核心的问题是实现经济社会和人口、资源、环境协调发展"③。

经过半个世纪的探索，以胡锦涛同志为核心的党中央提出了生态文明建设概念，要"建设生态文明建设，基本形成节约能源资源和保护生态环境的产业结构、增长方式、消费模式"④。党的十八大报告首次单篇论述生态文明，将其摆在社会主义建设的总体布局高度来论述，把"美丽中国"作为生态文明建设的宏伟目标。生态文明建设要融入经济建设、政治建设、文化建设、社会建设各方面和全过程，以实现中华民族永续发展⑤。

党的十八大以来，以习近平同志为核心的党中央进一步丰富了生态文明建设理论。习近平同志首先从人类文明发展史的角度阐述了生态文明建设的重要意义。"生态兴则文明兴，生态衰则文明衰。"⑥ 将生态文明建设置于了人类发展史的视野之中，凸显了生态文明建设对人类社会的极端重

---

① 薄一波：《薄一波文选》，人民出版社 1992 年版，第 424 页。

② 张平：《中国改革开放：1978—2008 综合篇》（下），人民出版社 2009 年版，第 918 页。

③ 同上。

④ 胡锦涛：《高举中国特色社会主义伟大旗帜　为夺取全面建设小康社会新胜利而奋斗——在中国共产党第十七次全国代表大会上的报告》，《求是》2007 年第 21 期，第 3—22 页。

⑤ 胡锦涛：《坚定不移沿着中国特色社会主义道路前进　为全面建成小康社会而奋斗——在中国共产党第十八次全国代表大会上的报告》，《求是》2012 年第 22 期，第 3—25 页。

⑥ 中共中央宣传部：《习近平同志总书记系列重要讲话读本》，学习出版社、人民出版社 2014 年版，第 121 页。

要性，即"生态环境保护是功在当代、利在千秋的事业"①。习近平同志完整地阐述了生态文明建设对社会主义建设的重要意义。第一，生态文明建设是经济持续健康发展的关键保障，是实现中华民族伟大复兴的中国梦的重要内容。第二，生态文明建设是民意所在、民心所向。良好生态环境是最公平的公共产品，是最普惠的民生福祉。人民群众对环境问题高度关注。环境保护和治理要以解决损害群众健康突出环境问题为重点②。第三，生态文明建设是党提高领导能力的重要体现。习近平同志指出，全党面临的一个重要课题，就是如何正确认识和妥善处理我国发展起来后不断出现的新情况新问题。因此，全面推进生态文明建设是党提高领导能力的重要体现。

2. 正确处理经济发展与生态文明建设关系

生态问题主要是由于人类的经济行为所导致，因此，党中央都强调要协调好经济发展和环境保护的关系，可持续发展战略的提出就是对这一问题长期关注的体现。党的十五大报告中提出我国是人口众多，资源相对不足的国家，在现代化建设中必须实施可持续发展战略③。

科学发展观的提出标志着党对正确处理经济发展与生态文明建设的关系有了成熟的认识。科学发展观是对马克思主义生态思想的继承和发展，是对新中国成立以来社会主义事业的科学总结。生态文明建设是一种与工业文明有着本质区别的社会发展形态，是对资本主义工业文明的扬弃。全球性的环境问题的根源在于资本主义的生产方式，虽然资本主义社会进行相应的制度和技术改良，但是不能够消除资本主义社会存在的基本矛盾，资本主义式的发展方式是难以为继的。只有坚持以人为本的科学发展观，以实现人的自由全面发展为价值关怀的，在经济、政治、社会、文化等领域实现根本性的变革，方可消解人、社会与生态环境之间的对立紧张关系，实现人与自然的和谐共生、人与社会的和谐互动、人与他人的和谐共处、人与自我的和谐发展。

---

① 《坚持节约资源和保护环境基本国策　努力走向社会主义生态文明建设新时代》，《人民日报》2013 年 5 月 25 日。

② 江泽民：《高举邓小平同志理论伟大旗帜，把建设有中国特色社会主义事业全面推向二十一世纪》，人民出版社 1997 年版，第 30 页。

③ 同上。

以习近平同志为核心的党中央在生产力的层次提出了正确处理经济发展与环境保护关系的思想。习近平同志"保护生态环境就是保护生产力，改善生态环境就是发展生产力"的理念，深刻揭示了经济发展与生态文明建设的辩证关系，将科学发展理念进一步向前推进。习近平同志还更为形象地指出两者间的关系，即著名的"两山论"：既要绿水青山，也要金山银山。宁要绿水青山，不要金山银山，绿水青山就是金山银山①。

3. 以制度建设为中心的生态文明建设模式

制度建设一直就是改革开放以来生态文明建设的中心，通过法律法规保障生态文明建设的有序推进。1978 年通过的《中华人民共和国宪法》明确规定：保护环境和自然资源，防治污染和其他公害。1979 年颁布了我国第一部环境保护的基本法——《中华人民共和国环境保护法（试行）》，标志着我国环境保护开始走上了法制轨道。20 世纪 90 年代以来，我国加大了资源和环境方面的立法工作，出台了一系列资源利用、环境保护方面的法律、法规，生态环境法律体系基本完备并处于世界先进水平。

习近平同志指出，"只有实行最严格的制度、最严密的法治，才能为生态文明建设提供可靠保障"②。通过严格的制度设计，要确保生态文明建设全面地融入经济建设、政治建设、文化建设、社会建设各方面和全过程。现阶段生态文明制度建设的重点在于健全自然资源资产产权制度和用途管制制度，划定生态保护红线，实行资源有偿使用制度、生态补偿制度以及改革生态环境保护管理体制等方面③。

第二节　生态文明建设协同发展的理论参照

协同发展概念的核心在于协同，以此区别于其他的发展概念。学术意义上的协同理论发端于 1969 年德国学者哈肯（Hermann Haken）创立的协同学（synergetics）。协同学是一门关于协作的科学，认为无论何种对立

---

①《八、绿水青山就是金山银山》，《人民日报》2014 年 7 月 11 日。

②《中共中央政治局就推进生态文明建设进行集体学习》，http：//www.gov.cn/ldhd/2013—05/24/content_ 2410799. htm，2013 - 05 - 24。

③ 李干杰：《认真贯彻落实党的十八大精神　努力为生态文明建设做出积极贡献》，《中国环境报》2012 年 11 月 26 日。

的双方，只要在同一个统一体内，在同一个目标下，都存在着协同发展的可能性和现实性，都可以实现协同发展①。

一 协同学理论

1. 协同学的基本要义

协同学是自组织理论群的一个构成部分，描述的是系统的演进过程中不存在外部指令，系统按照相互默契的某种规则，各尽其责而又协调地自动地形成有序结构的现象，有别于依赖于外部指令而形成组织的他组织系统②。

哈肯认为自然界和人类社会的各种事物普遍存在有序和无序的现象，在一定条件下，有序和无序会相互转换，无序是混沌，有序是协同。协同（synergy）就是协调两个或者两个以上的不同资源或者主体，协作一致地完成某一目标的过程或能力。

协同学视域内系统由无序到有序的决定因素就是有序参量（ordre parameter），也称为序参量。自组织在无序状态时序参量为零，当子系统或者是要素的自我运动使得系统有了发生突变的可能，那么产生用来指代突变可能性的原因就是序参量。使用序参量的目的在于描述系统突变的进程中会处于什么样的有序状态，具有什么样的有序结构和性能，运行于什么样的模式之中，以什么模式存在和变化等。序参量的功能则是决定系统突变的形式和特点，是系统性质变化的根本所在。系统演化过程中的序参量可能不止一个，通常在系统突变时才会显现出来，"因时因地"。这是系统的特殊性和普遍性的属性所致。因为，存在一些系统演化所共有的临界值，但是具体到每个系统特殊的演进过程则均是特殊的，是在具体的演化过程中生成的。诚如没有两片相同的树叶，也没有两个完全相同的系统序参量③。

协同学认为系统由无序走向有序必须具备相应的条件。其一，系统最

---

① 王珍：《协同学的哲学意义》，《贵州民族学院学报》（社会科学版）1989 年第 3 期，第 25—31 页。

② 刘文华：《协同学及其哲学意义（续）》，《国内哲学动态》1986 年第 8 期，第 34—37 页。

③ ［德］哈肯：《协同学》，凌复华译，原子能出版社 1977 年版，第 339—403 页。

终演变的状态或结构从始至终都受到序参量的影响，序参量是支配子系统行为的主导作用。其二，协同内子系统间的有机联系和积极配合是系统有序发展的重要条件之一，只有当系统关联作用占主导地位，子系统之间形成协同时，系统才可能呈现出一定的有序机构。其三，除了系统内部协同作用的机制外，还需要外部环境提供适当的控制参量，为系统自组织结构的形成与有序演化提供保障。其四，反馈机制是系统实现有序的主要保证，因为任何一个开放系统要维持一定的稳定性，以实现其自身发展目标，都离不开反馈调节。

当系统的各子系统（要素）不能很好协同，甚至互相对立排斥，系统就必然是无序状态，因发挥不了整体性功能而瓦解。相反，若系统中的各子系统（要素）能配合较好，多种力量就能汇聚成以后的总力量，形成大大超越原各自功能综合的新功能——协同效应①。

2. 协同概念辨析

近年来，无论是学术界还是其他领域，协同这一概念被广泛使用，在涉及关系协调的地方"协同"就会出现，取代了之前广泛使用的协调一词。这使得协同从原本的经济学、管理学领域的科学性概念华丽转身为一个大众词汇。

协同和协调均是涉及两个系统（要素）之间关系状态的概念，协调在社会生活中的使用要早于而且广于协同使用的时间和范围。协调为广泛适用于描述系统或者要素之间的关系处理。协同的源头则是哈肯创立的协同学。就概念产生的时间而言，协同要晚于协调。

协同和协调两个概念的区别在英语词源学意义上展示得较为清晰：协同 synergy（n.）1650s，"cooperation，" from Modern Latin synergia，from Greek synergia "joint work，a working together，cooperation；assistance，help，" from synergos "working together，" related to synergein "work together，help another in work，" from syn- "together"（see syn-）+ ergon "work"（see organ）. Meaning "combined activities of a group" is from 1847；sense

---

① 陈劲：《协同创新论》，浙江大学出版社 2012 年版，第 32—33 页。

of "advanced effectiveness as a result of cooperation" is from 1957①。

而协调 coordination 词源学即是：also co-ordination，c. 1600，"orderly combination," from French coordination（14c.）or directly from Late Latin co-ordinationem（nominative coordinatio），noun of action from past participle stem of Latin coordinare "to set in order，arrange," from com- "together"（see com-）+ ordinatio "arrangement," from ordo "order" see order（n.）. Meaning "action of setting in order" is from 1640s；that of "harmonious adjustment or action," especially of muscles and bodily movements，is from 1855②。

英语语境中协同是协调发展的高级形式，这是两者的语义区别。在使用的范围上两者也存在明显的区别，协调可以被广泛地用来描述所有的系统演化现象，人类自有思想史以来，就有协调与协调发展的理想。而协同严格意义上仅限于自组织系统演化的描述，换言之，协同在学术使用上只能严格地用来描述自组织范围内的演化突变。而不加区别地将协同用来描述他组织系统的演化突变则属于明显的概念滥用。哈肯创立的协同学分析模式是无法被用来解释他组织的突变情形的。但协调作为一个通用词汇出现时，与协同的关系就是一个整体与局部的关系，协同仅限于描述自组织系统内的关系调整，而协调是指所有的关系协调。

作为一个严格学术概念的协调主要在经济学领域使用较多。经济学领域内的协调主要用在分析发展问题中，主要有两个阶段：第一个阶段是市场秩序协调的问题，主要是解决政府（凯恩斯主义）和市场（古典经济学）对经济活动的干预问题，是市场自生自发地调解还是依赖国家进行干预；第二个阶段则是社会发展内容的协调，主要是指国家要实现经济、人口、资源环境和社会发展的协调一致，实现一种可持续的发展。从经济学领域内协调的使用来看，协调主要依赖于第三方主体对系统的有序状态施加影响，是一种他组织的话语分析。而在经济学领域内协同主要是指中

---

① Etymonline. synergy，http://www.etymonline.com/index.php? allowed_in_frame = 0& search = synergy&searchmode = none，2014 - 10 - 03.

② Etymonline. coordination，http://www.etymonline.com/index.php? allowed_in_frame = 0& search = coordination & searchmode = none，2014 - 10 - 20.

观和微观层面的产业主体之间的技术创新和企业内部管理方面的有序化，通过不同主体自发的结合，进而实现利益的最大化。因此，在经济学领域，协同和协调的区别在于使用的层次不同，目的指向不同。

我国大规模地使用协同观念缘起于胡锦涛同志在清华大学百年校庆提出要发挥国家意志实现有组织的创新——协同创新①。协同创新的概念开始在我国的经济社会生活中为广为使用，协同成为一个时髦的词汇，并且取代了协调作为描述系统之间、要素之间关系处理的主要词汇，在协同获得高度认可和使用的同时也出现了被泛化和滥用的可能。

因此，从词源学和适用范围来看协同与协调有着明显的区别，协同的适用范围更为严格，集中于自组织的演化突变中；而协调适用范围比较广阔，可以用来描述所有的相同或者要素的关系调解问题。

3. 对协同的再认识

从发生学考量而言，协同仅仅局限于对自组织现象的描述和解释，存在第三方因素主导系统演化的领域是不属于协同学的使用范围的，严格意义上协同是不能够用在他组织领域的。

目前协同的使用极不严谨，或者根本不知道协同学的一般理念，却声称与哈肯的协同学理论一脉相承。现有研究并没有关注把协同限定于自组织领域是否恰当的。

其实，在哈肯的著作中协同或者是协同学首先是一个自然科学的研究结果，哈肯将其推广到社会科学领域的时候并没有作出过渡性解读或者是变通，是一种直接性的套用，没有注意到自然科学和社会科学领域之间的差异。

众所周知，自然科学尤其是哈肯发现协同现象的物理学领域，科学原理都有其适用范围，超出假设条件的真理就是谬误。自然界和人类社会虽然有统一性的一方面，但是也存在质的区别，其中一点就体现在人类社会要比自然界更复杂。因此，并不能将有诸多假设条件的自然科学概念、理论直接套用于人类社会。

自组织理论也是由哈肯创立的，用来研究复杂自组织系统（生命系统、社会系统）的形成和发展机制问题，即在一定条件下，系统是如何自动地由无序走向有序，由低级有序走向高级有序的。这一研究是从自然科学领域发端并得到验证的理论。但是将这一理论用于人类社会，把人类社会组织形式分为自组织和他组织无疑是不严谨的。人类社会组织按照是否有外力决定其发展演化而划分为自组织和他组织可能在社会交往相对落后、相对封闭的时候尚可成立，比如说前工业文明时代和自由资本主义时期。但是社会交往密切，国家公权力对社会的影响日渐增强，整个社会高度网络化之后，再按照是否有外力影响组织演化划分为自组织和他组织就显得很是困难。首先，一个社会组织的存续很难不受外界干预。其次，组织演化影响力也很难区分为内在因素和外在因素。这个问题在当下中国更为明显，家国一体的文明演进路径先天地使得个人和组织的独立性基因缺乏，社会主义国家政体本质要求就是集体性，后发国家要跨越式发展的国情也使得"自生自发"式的社会演进不复可能，而"自生自发"式的自由资本主义社会正是自组织理论的生成环境。

自组织和他组织的界分在方法论上是一种近代科技理性主导下的"一分为二"的分析方法，是一种机械式的简单对立。这一方法论存在极大的局限性，将客观事件简单划分为对立的两者，虽然具有认识论上的优势，但却是建立在对客观世界虚假认识的基础上。近来，自然科学和社会科学的研究成果均指出这一方法论的缺陷，即在一分为二视野下存在着中间态，而且中间态是事物存续的主要状态，进而倡导"一分为三"或者"一分为多"的方法论。

基于上述分析，当下中国的社会现实进行协同学的分析是不可能也不应当依赖于哈肯式的、教科书式的自组织界定。但是协同学强调各系统、各要素通过自主发展并最终实现系统的有序运行的协同发展观念对中国的经济社会发展却是有益的。

二　生态学马克思主义

生态学马克思主义是西方马克思主义的一个重要流派，也是在生态文明建设时代西方最有影响的思潮之一。"生态学马克思主义"（the Ecological Marxism）一词来源于美国得克萨斯州立大学的本·阿格尔教授，他在 1979 年《西方马克思主义概论》中创造性地提出了运用了"生态学马克思主义"的概念。

生态学马克思主义继承了马克思主义对资本主义社会批判的基本思路和价值取向，通过对马克思自然观念的重构和对生态思想的强调，赋予自然以历史和文化的内涵，以此重塑了马克思的生产力和生产关系理论，重新理解自然、文化、社会劳动之间的关系。以此为基础，生态学马克思主义对资本主义生产方式进行协同的批判，批判的视角选取了资本主义社会生态危机与生产方式之间的重要关系。解决生态问题与实现人类自身发展问题的最终出路在于建设新的社会制度，即生态社会主义制度。

1. 生态与经济协同发展的思想

传统的马克思主义对资本主义社会的批判主要集中于资本主义生产方式的批判，认为资本主义制度的危机集中于、发源于生产领域，是由资本主义社会的基本矛盾导致的，即生产的社会性与生产成果的私人占有之间的矛盾。资本主义社会危机的化解必须要在生产领域进行革命性的改变，只有通过共产主义革命，建立生产资料的社会主义公有制才能够从根本上消除资本主义社会产生危机的根源。

生态学马克思主义则认为垄断资本主义修正了马克思所批判的自由资本主义时期的一些弊端，资本主义制度进行了自我改良，避免了生产的无政府状态，改善了无产阶级的生活状况和经济地位，缓和了经典马克思主义所分析的资本主义社会的基本矛盾，资本主义非但没有灭亡的迹象，相反却呈现出进一步在全球发展的态势。因此，生态学马克思主义者关于资本主义的经济危机理论已经不能够有效地解释资本主义制度了，也不能为资本主义社会向社会主义社会的转向提供合适的理论支撑。阿格尔等学者提出要用"资本主义制度必然产生生态危机，并由此导致其灭亡并走向社会主义"的生态危机理论取代马克思的经济危机理论。

生态学马克思主义改变了马克思关于劳动异化导致资本主义产生经济危机的观点，提出了资本主义制度必然导致的消费异化维系着资本主义的高生产和高消费，成为资本主义生态危机产生的重要原因。

资本主义生态危机的消解一方面要通过马克思所强调的实现生产方式的革命，建立社会主义生产资料的公有制而实现；另一方面，生态学马克思主义认为要实现生产方式的"生态化"革命，要将生态保护融入生产方式的变革之中。这是生态学马克思主义对传统马克思主义的继承与发展，更富有现实性。这一思想就包括了社会发展要注重经济建设与生态文明建设协同发展的思想。只有改变传统将经济社会发展的重心置于经济增长上的片面发展观，树立经济建设与生态文明建设并重的和谐发展观，才能够消解生态危机及其引起的社会制度危机的隐患，实现社会的长治久安。

2. 文化建设与生态文明建设协同发展的思想

生态学马克思主义的未来观是建立起生态社会主义制度。生态社会主义制度从根本上否定了资本主义生产方式本身以及生态殖民主义，建立真正的社会主义，即实现生产资料的公共所有和构建劳动者的自由联合体。

生态学马克思主义与马克思、列宁等经典马克思主义思想家认为"社会主义革命是建立社会主义制度的基本途径"所不同，认为建立生态社会主义的建立的一个重要途径在于无产阶级消费观念的调整。无产阶级如果能够自觉地调整自己的需求观念和价值观念，有效抵制奢侈消费，建立革命性的需求理论，才能够从价值意识上消除消费异化的社会文化根源，逐步地实现改变资本主义生产方式的生态社会主义变革。这就是生态学马克思主义所强调的社会主义必须要用生态理性取代经济理性。

生态学马克思主义认为马克思对资本主义的批判只是对其生产方式的经济理性批判，忽视了生态理性批判的维度。

经济理性导致社会的价值认识集中于对经济利益的追求，并以经济价值来衡量一切社会行为和社会存在，导致人的异化、自主性的消失。资本主义制度必然会与生态环境产生冲突，最大化的消费与需求会刺激过度生产和过度消费，从而导致对资源的肆意开发和对生态的过度破坏。因此，生态学马克思主义认为生态理性既是化解资本主义生态危机，也是实现生态社会主义制度的社会价值基础。生态理性是指社会物质生产的根本目的不再是一味地追求利润，而是实现人与自然的和谐。生态理性反对资本主义经济理性产生的过度消费的价值观念，提倡建立资源节约型、环境友好型的生产方式，树立人与自然和谐一致的生态消费理念。

生态理性的观点在社会实践中体现为在全社会树立起生态和谐的价值追求，要在社会的文化建设和精神文明建设中培养民众的生态意识、引导生态思维方式的确立，进而形成生态化的生产、生活方式。这就是文化建设与生态文明建设协同发展的具体形式，是生态文明建设融入文化建设的体现。

第三节 生态文明建设的协同发展分析结构

相关研究表明,三维是社会科学研究中最佳思维框架[①]。本书将协同发展视域中的生态文明建设解构为三个维度,即生态文明建设与其他文明建设的系统间协同发展维度、生态文明建设系统构成要素间协同发展维度和区域生态文明建设协同发展的维度。

一 生态文明建设与其他文明建设的系统间协同发展维度

生态文明建设和经济、政治、文化以及社会文明建设之间的协同发展关系是协同发展的第一层维度,也是已经为学界和业界认可并高度关注的一个维度。生态文明建设与经济、政治、文化等社会有机体系统之间的协同关系在既有的研究中被较多地关注,只是大多使用的是"协调发展"的概念。党和政府也是从生态文明建设与其他社会子系统建设协同发展的视角出发论述生态文明建设的,从较早的统筹经济发展和资源环境的关系到十七大报告提出"要建设生态文明建设",再到十八大报告将生态文明建设纳入"五位一体"中国特色社会主义总体布局,要求把生态文明建设放在突出地位并融入经济建设、政治建设、文化建设、社会建设各方面和全过程。

"五位一体"就是要求社会主义建设是五个方面的整体发展,即社会主义市场经济、社会主义民主政治、社会主义先进文化、社会主义和谐社会、社会主义生态文明的发展是相互联系、相互协调、相互促进、相辅相成的,坚持经济建设是根本,政治建设是保障,文化建设是灵魂,社会建设是条件,生态文明建设是基础,五大文明建设要统筹兼顾、全面推进。要做到生态文明建设融入经济建设、政治建设、文化建设、社会建设各方面和全过程,就要改变传统发展中过于偏重经济建设和物质文明发展,将经济建设作为社会发展的头等大事来抓,而对其他文明的建设关注不够,导致经济的高速增长与其他领域的发展严重不协调情形。

---

① 汪丁丁:《新政治经济学讲义》,上海人民出版社 2013 年版,第 10 页。

"五位一体"背景下，生态文明建设与其他文明建设的协同发展就是将生态文明建设融入其他文明建设的各个方面和全过程，是经济建设、政治建设、文化建设和社会建设的生态化过程。

二   生态文明建设系统构成要素间协同发展维度

从系统论的角度出发，复杂系统的协同发展在宏观上包括子系统之间的协同发展和子系统内部的协同发展，因此，生态文明建设第二个层面的协同发展就意指生态文明建设构成要素的协同发展。生态文明建设是"五位一体"的社会主义建设的子系统，是由相互联系和相互作用的诸要素构成的统一体。生态文明建设与其他文明建设的协同发展是以其系统内部的协同发展为基础，因此，实现系统内部的协同发展就成为生态文明建设的必由之路。

这个层次对生态文明建设要进行深层解构，要求把生态文明建设作为一个系统进行划分，明确其具体的构成要素或者子系统。学界和业界并没有在"五位一体"的语境中对生态文明建设的系统构成要素进行解构。本书从社会有机体的构成出发，生态文明建设解构为外在表征的生态系统（环境资源）、文明内核的生态价值理念以及生态文明建设架构支撑的制度体系。这些组成部分之间的关系并不同于社会有机体不同组成部分之间的平等并列关系而具有一定的层次性，制度体系是其协同发展的关键所在。

三   生态文明建设区域协同发展维度

系统之间和系统内部的协同发展构成了生态文明建设发展的两个维度，也就是通过研究系统协调问题所认为的"横向、纵向"。两个维度的协同研究有助于对系统运行进行较为充分的"内因、外因"式的动力发展研究，可以从协同的内部结构和外部环境对其运行发展的作用机理有较为全面的把握。但是这种思维是一种平面思维，没有将十八大报告提出的"国土是生态文明建设的空间载体"① 的重要论断纳入其中，忽视了生态

① 胡锦涛：《坚定不移沿着中国特色社会主义道路前进   为全面建成小康社会而奋斗——在中国共产党第十八次全国代表大会上的报告》，http：//www. xj. xinhuanet. com/2012 - 11/19/c_113722546. htm，2012 - 11 - 19。

文明建设的空间维度。

生态的公共属性决定了生态文明建设的整体性、全局性，在空间的维度上就体现为各个区域的协同推进。十八大报告指出，国土是生态文明建设的空间载体，要实现科学有序的发展。生态文明建设目前处于各自为政的状态，是以行政区划为界限的"行政区生态文明建设"，系统性的生态文明建设被行政区划所分割。空间开发无序、区域矛盾和冲突激化是生态环境持续恶化、生态文明建设推进受阻的根源。十八大报告提出生态文明建设必须要"优化空间开发格局"。因此，"美丽中国梦"的实现必然要在空间维度上实现区域生态文明的协同发展。

生态文明建设的空间维度是生态文明建设的本质属性之一，因为生态系统就是不同要素的空间位置、分布、形态、距离、方位、拓扑等空间关系的综合。空间区域的协同更是中国语境下生态文明建设必须关注的重点。我国的国土面积约为 960 万平方公里，位居世界第三，是一个幅员辽阔的大国。这就在客观上决定了社会主义建设必然要充分考虑到不同区域的特殊性，注重统筹发展。我国实行"中央统一领导下，充分发挥地方主动性和积极性"的地方管理体制，地方具有较大的自主权，在某些方面地方政府尤其是省级政府的自主权还要高于联邦制国家的地方自治权。这种地方管理体制在生态文明建设实践中就表现为"行政区生态"，即地方政府以行政区划为界进行生态文明建设，是一种闭合式的生态文明建设发展模式。

生态问题的公共属性决定了生态文明建设要有整体性、全局性和协同性的考量，在空间的维度上就体现为各个区域的协同推进。随着人类社会经济活动的影响，环境问题逐渐产生并扩展为区域性问题。我国目前最为突出的环境问题就是区域性的雾霾污染和流域性的水污染。因此，在空间维度上实现生态文明建设协同发展既是由生态文明建设的本质所决定，也是缘起于生态文明建设的现实诉求。

第 三 章

系统间协同发展中的生态文明建设

中国特色社会主义的总布局在十八大报告中明确为经济建设、政治建设、文化建设、社会建设、生态文明建设的"五位一体"，标志着党赋予了中国特色社会主义道路新的内涵。"五位一体"的新布局是在科学发展观指导下产生的，是对中国共产党领导人民进行中国特色社会主义建设的实践经验总结，一种可持续的协同发展。"五位一体"背景下，生态文明建设与其他文明建设的协同发展就是将生态文明建设融入其他文明建设的各个方面和全过程，是经济建设、政治建设、文化建设和社会建设的生态化。

第一节　经济与生态文明建设的协同发展

马克思认为经济活动是人类的基本活动，制约着整个社会生活、政治生活和精神生活。因此，对一个社会现象和社会历史的考察必须要从经济结构入手，进而厘清经济结构与其他社会结构之间的关系。每一历史时代主要的经济生产方式和交换方式以及必然由此产生的社会结构，是该时代政治的和精神的历史所赖以确立的基础，并且只有从这一基础出发，这一历史才能得到说明①。物质文明是社会发展的基础，所以，生态文明建设的根本所在就是经济发展方式。因此，社会主义生态文明建设要把经济发展方式作为核心影响因素予以关注。经济建设应当坚持"既要绿水青山，

---

① 《马克思恩格斯选集》第 1 卷，人民出版社 1995 年版，第 385 页。

也要金山银山。宁要绿水青山，不要金山银山，而且绿水青山就是金山银山"① 的协同发展观，舍弃经济发展而进行生态文明建设无异于"缘木求鱼"，而无视生态环境的经济发展只能是"竭泽而渔"。

经济与生态文明建设协同发展就是将生态文明建设理念融入经济建设之中，实现经济建设的生态化发展。目前经济与生态文明建设的协同发展多指发展生态经济，即通过绿色生产工艺、环保技术等众多有益于环境的技术被转化为生产力而实现经济增长，其本质是以生态、经济协调发展为核心的可持续发展经济，是以维护人类生存环境，合理保护资源、能源以及有益于人体健康为特征的经济发展方式。这种对经济与生态文明建设的协同发展概念和对于生态文明建设的认识还停留在环境保护的层面，仅仅关注直观的生态环境，而且依然是以经济增长为取向，没有脱离工业文明时代的影响。因此，可以说是一种属于初级阶段的经济与生态文明建设协同发展的认识。

本书认为，经济与生态文明建设的协同发展有更为丰富的内涵。首先，经济与生态文明建设的协同发展包括了传统的绿色经济的基本取向，即通过绿色生产方式实现经济增长，把经济建设建立在生态环境可承受的基础之上，实现经济与资源环境的协同发展。其次，经济与生态文明建设的协同发展更强调立足于自然生态平衡协调、社会生态和谐有序以及人的全面发展的目标，通过开发生态技术、研发生态化产品，实现生态化营销和生态化消费，构建一个生态、经济与社会和谐发展的系统。因此，本书的经济与生态文明建设的协同发展内涵有别于绿色经济和生态经济的观念，是以生态文明建设理念为价值关怀，通过生态化技术创新推动生态化产业发展，进而促进资源节约型、环境友好型社会建设。

一　推进生态化技术创新引领经济与生态文明建设协同发展

技术创新是经济发展的动力和源泉，是实现经济高速发展的助推器。但是传统的技术创新是以实现经济增长为目标的技术革新。在资本追求利益最大化的本性的驱使下，这种单向度的技术创新在为经济增长做出贡献的同时由于无视环境保护导致了极为严重的生态危机，严重制约了经济社

---

① 《八、绿水青山就是金山银山》，《人民日报》2014 年 7 月 11 日。

会的可持续发展和人的自由全面发展。

生态文明社会是一个以低碳技术为基础进而实现物质生产低碳化的社会。马克思在《资本论》中指出，社会主义社会是能够实现人的自由全面发展的社会，"在这个领域内的自由只能是：社会化的人，联合起来的生产者，将合理地调节他们和自然之间的物质变换，把它置于他们的共同控制之下，而不让它作为盲目的力量来统治自己；靠消耗最少的力量，在无愧于和最适合于他们的人类本性的条件下进行这种物质变换"[①]。

生态化技术创新是立足于自然生态平衡协调、社会生态和谐有序以及人的全面发展的目标，将原始的发明创造或者技术要素的重新组合后商品化的过程[②]。生态化技术创新以生态文明建设为指向，以人文关怀统领技术创新活动，通过开发生态化技术、研发生态化产品，实现生态化营销和生态化消费。同时，在各个行业和领域推进生态化技术创新，推动产业结构的转型和优化，为生态文明建设奠定物质基础。生态化技术创新能够为经济提供新的增长点，在确保经济规模增加的同时实现资源的高效使用、废物的微量排放甚至是零排放，最终实现经济、社会与生态的和谐共生。

"科教兴国"是与可持续发展并行的国家战略。实践表明，增强科技自主创新能力、建设国家科技创新体系，是化解资源环境矛盾、建设资源节约型和环境友好型社会的有效途径，是提高经济发展核心竞争力的有力举措[③]。2013年我国成为世界第二大经济体，但是由于粗放式增长模式、科技含量低，一直处于全球产业的低端，产品的附加值较低，为实现经济增长的目标而降低环境资源的约束，导致了严重的环境污染和生态系统退化。经济的高速、健康、可持续的发展必然要依赖生态化技术创新，实现经济增长与生态保护的双赢。

从20世纪80年代开始，发达国家逐步意识到传统技术创新的局限，开始大力推动生态化技术创新，以实现经济社会的可持续发展。生态化技术创新为发达国家的经济增长提供强力支撑的同时也实现了社会利益和生

① 《资本论》第3卷，人民出版社2004年版，第928—929页。
② 彭福扬、刘红玉：《实施生态化技术创新 促进社会和谐发展》，《中国软科学》2006年第4期，第98—102页。
③ 白春礼：《坚持科技创新 促进可持续发展》，《中国科学院院刊》2012年第3期，第259—267页。

态保护的多重效应。以美国为例，美国一直是世界上最大的经济体，同时也是能源消费的大国，更是全球碳排放量的主要"贡献者"，也产生过如洛杉矶光化学烟雾事件、多诺拉烟雾事件等环境污染事件。2000 年以后，美国的能源耗量占世界能源消费量的 1/4，2013 年原油消费量为 831 百万吨油当量①，成为全球石油消费量增幅最高的国家，年均碳排放量为 50亿吨左右，占全球总排放量的 18.11%②。二氧化碳因在地球大气层中产生温室效应而被认为是导致全球气候变化的罪魁祸首，因此美国的能源消费在带动国内经济增长的同时，对国内和世界的生态环境均造成了极大的破坏。从 2009 年开始，奥巴马政府发布了美国能源和环境计划，开始实行"绿色新政"，新能源产业成为产业发展的重点。"绿色新政"主要是通过技术创新实现在能源领域的革命性发展，减少经济对石油进口的依赖，扩大内需，在实现经济复苏的同时确保经济的长期稳定发展。页岩气开采技术的是其主要代表。页岩气是赋存于页岩中的非常规天然气，往往分布在沉积盆地的烃源岩地层中。但是由于技术水平所限，一直无法开采。美国在 20 世纪 80 年代初取得了页岩气开发技术突破，通过不断的技术创新，页岩气开采技术日臻完善，页岩气的产量日渐提升。在 2000 年，页岩气产量不足天然气供应的 1%，2013 年已经占到 30% 以上，据预测，到 2015 年页岩气占美国天然气产量比重将达到 43%，而到 2035 年，这一份额将达到 60%③。页岩气的大规模开采使得美国的天然气市场供大于求，天然气的价格下跌了 35%，降低了相关行业生产成本，同时还创造了数十万个新的工作岗位，有效地促进了经济增长，页岩气开采技术的革命给美国经济注入强心剂。页岩气的开采还推动了相关产业结构的升级，如一些高耗能的重化工企业调整生产结构和生产模式。由于页岩气的使用促使美国能源消费结构发生了重要变化，天然气供应量大幅增加，石油和

---

① *BP Statistical Review of World Energy*，http：//www. bp. com/content/dam/bp/pdf/Energy-e-conomics/statistical-review-2014/BP-statistical-review-of-world-energy-2014-full-report. pdf，2014 – 08 – 22.

② CDIAC，*United Nation Statistics Division*，http：//mdgs. un. org/unsd/mdg/SeriesDetail. aspx? srid = 749，2014 – 11 – 14.

③ 《美国技术创新挣脱大自然束缚 天然气够用 100 年》，《人民日报》，http：//finance. sina. com. cn/chanjing/cyxw/20120401/022911733051. shtml，2012 – 04 – 01。

煤炭消费逐步下降，2013 年比 2003 年下降分别达 9% 和 21%（见表 3—1）。能源消费结构的改变直接影响了碳排放量，为国内和全球的生态改善产生了积极的影响（美国能源信息署指出，2013 年美国碳排放量上升，主要是因为电力行业的煤炭消费小幅增加）。

页岩气开采技术无疑是一种生态化技术创新。一方面，为美国经济的发展提供了长久的能源保障和新的经济增长点，尤其是在全球经济危机背景下更显得弥足珍贵。另一方面，页岩气的开采降低了石油、煤炭等高碳排放能源的使用，实现了绿色低碳的经济生产和生活方式，既改善了美国国内的空气质量和生态环境，也对全球的节能减排、气候变暖产生了积极的影响。

表 3—1　　　21 世纪初美国能源消费与碳排放量（2003—2013 年）

年份	石油消费 （百万吨当量）	煤炭消费 （百万吨当量）	天然气 （百万吨当量）	碳排放量 （亿吨）
2003	914	574	567	53
2005	945	575	570	54
2010	850	524	621	48
2013	831	456	671	54

数据来源：美国联邦能源信息署。

1993 年第一次全国环境保护会议的举行使得环保技术开始为国人所重视，之后中央提出了建设创新型国家战略，在这样的背景下生态化技术创新开始兴起并迅速发展。中国提出到 2020 年，单位 GDP 碳排放强度将比 2005 年下降 40%—45%。在"十二五"规划中，中国也提出了相应的二氧化碳排放强度指标。根据《哥本哈根协议》的规定提交给"联合国气候变化框架公约"，到 2020 年，中国政府计划将非石化能源占一次能源的比例提高到 15%。中央和地方各级政府为生态化技术创新提供了资金和政策保障，积极引导企业、高校、科研院所等单位大力开展生态化技术创新的研发和运用①。《国家环境保护"十二五"科技发展规划》显示，

①《科技部　工业和信息化部关于印发 2014—2015 年节能减排科技专项行动方案的通知》，http：//www. most. gov. cn/mostinfo/xinxifenlei/fgzc/gfxwj/gfxwj2014/201403/t20140304 _ 112112. htm，2014 – 03 – 04。

国家在环境保护科技领域投入经费约 220 亿元，达到"十一五"投资预算 60 亿元的 3 倍多①。2014 年《科技部　工业和信息化部关于印发 2014—2015 年节能减排科技专项行动方案的通知》中明确提出了六大领域的生态化技术创新任务，通过国家政策引领全社会的生态化技术创新，助力国家的经济发展转型和生态文明建设②。2015 年 3 月 24 日，中共中央政治局审议通过的《关于加快推进生态文明建设的意见》也提出要"加快技术创新和结构调整""加快推动生产方式绿色化"，说明国家在力求经济发展的"绿色化""科技化"。生态化技术创新与国家发展战略完全吻合。

表 3—2	节能减排关键共性技术攻关重点
工业领域	重点突破超高效电机及电机控制系统，稀土永磁无铁芯电机，特种非晶电机和非晶电抗器，大型钢铁联合企业重点工序能源资源减量化及废物循环利用，烧结烟气脱硫脱硝除尘一体化，大宗工业固体废物高值化和规模化综合利用，工业余热余压综合利用，窑炉协同处置废物，有色冶金重金属减排与废物循环利用，绿色制造，冶炼固废有价元素协同提取，工业生物废物转化与燃气化利用，以及新能源与可再生能源装备关键部件和材料制备，物理储能和化学储能，高光效半导体照明材料、芯片、器件和光源产品等关键技术
能源领域	重点突破煤炭清洁高效加工及利用技术；发展超高参数超超临界发电、燃煤电站 CO_2（二氧化碳）减排与利用技术，节能型循环流化床发电技术，空冷机组、IGCC 发电系统（整体煤气化联合循环发电系统）辅机节能技术；发展工业过程余热余压综合利用、锅炉余热利用及燃煤污染物控制技术；开发降低输配电网损技术；发展公共机构耗能设备节能及大型数据中心冷却节能技术

---

① 环保部：《关于印发〈国家环境保护"十二五"科技发展规划〉的通知》，http://www.mep.gov.cn/gkml/hbb/bwj/201106/t20110628_214154.htm，2011-06-09。

② 《科技部　工业和信息化部关于印发 2014—2015 年节能减排科技专项行动方案的通知》，http://www.most.gov.cn/mostinfo/xinxifenlei/fgzc/gfxwj/gfxwj2014/201403/t20140304_112112.htm，2014-02-19。

续表

交通领域	重点突破车用能量型动力电池产业化技术瓶颈，攻克轨道交通列车再生能量利用和大型综合交通枢纽节能技术，研究载运工具氮氧化物等污染物排放控制技术、高效通用航空器发动机技术和航空器轻量低阻技术，发展节能船型及其关键装备技术
农业领域	重点突破农业面源污染治理、规模化畜禽养殖业废物处理处置、低值和废弃农业生物质高效综合利用、低成本可降解农用地膜生产技术、村镇生活污水污泥共处理与资源化利用、纤维素制备液体生物燃料等技术
绿色建筑领域	重点突破新型节能保温一体化结构体系、围护结构与通风遮阳建筑一体化产品、高强钢筋性能优化及生产技术研究、高效新型玻璃及门窗幕墙产业化技术、新型建筑供暖与空调设备系统、新型冷热量输配系统、可再生能源与建筑一体化利用技术、公共机构等建筑用能管理与节能优化技术、既有建筑节能和绿色化改造技术、建筑工业化设计生产与施工技术、建筑垃圾资源化循环利用技术
资源环境领域	重点突破煤炭、油气、金属矿产等资源开采、选冶及综合利用等过程中"三废"减排、尾矿废渣回收利用，绿色智能矿山，大气、水、土壤污染防治，燃煤电站二氧化碳捕集、利用与封存技术，行业清洁生产及循环经济，城市垃圾、工业固废等资源化利用、污染监测等技术及装备

资料来源：科技部网站。

　　生态化技术创新在我国的兴起与发展产生了良好的经济效益和生态效益。但值得注意的是，技术创新对生态问题的影响在我国与发达国家之间存在一定的差异。发达国家的环境问题目前可以直接归结于传统的技术创新，但是我国的问题就比较复杂。我国生态问题的出现既有传统技术创新的局限所导致，也有经济活动中技术创新比例不足所导致。尽管我国的GDP 近年来在迅猛增长，成为世界第二大经济体，占到世界经济总量的1/10，但是却消耗了全世界 60% 的水泥、49% 的钢铁和 20% 能源，而能源消费又严重依赖煤炭和石油（占全国总能源消费的近 90%）[①]。同时，我国的人均国民总收入（GNI）仍然低于一万美元，尚未达到高收入国家

　　① 《BP 世界能源统计 2012》，http：//www.bp.com/zh_ cn/china/reports-and-publications/bp_2012.html，2012 – 06 – 25。

水平①，因此我国经济的持续增长依然会对能源、水泥、钢铁等资源密集型产品生产和消费有较大的依赖。

处于转型期的中国，技术创新尚未成为经济发展的动力和源泉。因此，实现生态化技术创新驱动经济与生态文明建设协同发展还需要付出更多的努力。首先，国家要全力推进创新型国家建设，培育企业的创新能力。生态化技术创新是以技术创新为基础的，因此，提升企业的创新能力成为推进生态化技术创新的重要内容。

其次，政府是生态化技术创新的重要推动者，负责战略性的生态化技术创新的研发和推广使用。发达国家在生态化技术创新的发展过程中，政府均发挥了积极的作用，包括相关的法律制度设计和发展规划等顶层设计，完备的资金、研发支持，主要技术科研组织建设等。因此，在技术创新的开始阶段政府必须要予以大力的扶持。何况我国的经济社会发展情况不同于发达国家，没有经过充分的商品经济和市场经济阶段，企业的技术研发意识和水平都较为薄弱。而且，生态化技术创新本身就是一个难度大、投资高、收益期长、风险大的技术研发，企业基于经济理性的考虑也很难去自主进行生态化技术创新。就是在发达国家，政府也是生态化技术创新的主体。因此，在我国的生态化技术创新实践中政府应当承担主导作用，既要有宏观的政策引导，也要有充分的资金保障和支撑。将生态化技术创新纳入国家的科技发展规划中，政府组织研发战略性的技术创新，全方面推进替代技术、减量技术、再利用技术、资源化技术等生态技术的研发和运用。

最后，生态化技术创新要多元参与，协同作用。国务院在2006年提出了"自主创新、重点跨越、支撑发展、引领未来"的战略方针，将科技创新作为国家发展战略的重要组成部分，要构建以政府为主导、充分发挥市场配置资源的基础性作用、各类科技创新主体紧密联系和有效互动的国家科技创新体系。我国目前基本形成了政府、企业、科研院所及高校、技术创新支撑服务体系四角相倚的创新体系。因此，在生态化技术创新中同样要确保多元主体的参与，发挥协同创新的积极作用。

---

① World Bank, *Country and Lending Groups*, http：//data. worldbank. org/about/country-and-lending-groups, 2014 - 12 - 26.

二 培育生态化产业促进经济与生态文明建设协同发展

产业作为具有相似生产特性的组织集合，是介于宏观经济与微观经济之间的中观经济，可谓是经济发展的平台载体。产业结构是经济活动和生态环境的重要连接体，也是各类经济投入的"资源转换器"①，又是各种"污染物种类和数量的控制体"②。因而，三者之间的关系就是技术是产业的向导，产业是技术的实现，经济发展则是由产业发展方式所决定。基于传统的技术创新观的产业发展模式必然也是单向度的，即将产业发展的目标聚焦于经济效益的最大化，因此也造就了只追求经济规模增长的片面发展。

生态文明建设需要生态的物质文明基础，而生态物质文明发端于生态化技术创新，承载于生态化产业。生态化产业是契合生态文明建设理念的产业形态，以绿色低碳为产业增长基本方式，以产业与生态、社会的和谐共生为产业发展目标③。从三大产业结构角度出发，生态化产业就是第三产业。第三产业比第一、第二产业对能源的消耗相对较小，对生态环境的影响也较低。从具体的产业形态出发，生态化产业认识主要是由环保产业和其他实现了绿色低碳生产的产业部门。生态化技术创新是生态化产业形成和发展的内在的基础性因素，意即技术创新的生态必然会孕育生态化产业的兴起，新兴产业的出现无一例外地源于新兴科技的诞生，而生态化产业发展会将生态化技术创新效用集聚和外化，进而引起整个国民经济机构的生态重构，引领经济发展方式的生态转向。

生态化产业发展对经济发展和生态环境的双重影响在发达国家得到了证明。世界范围内对产业结构的重视源于20世纪50年代的日本。"二战"后，经过短暂的恢复，日本用了近40年的时间通过产业结构调整成功实现了经济的腾飞，到1970年成为了世界第二大经济体。这一时期日

---

① 崔凤军、杨永慎：《产业结构对城市生态环境的影响评价》，《中国环境科学》1998年第2期，第71—74页。

② 任建兰、张淑敏、周鹏：《山东省产业结构生态评价与循环经济模式构建思路》，《地理科学》2004年第6期，第648—653页。

③ 邱跃华：《科学发展观视域下我国产业生态化发展研究》，博士学位论文，湖南大学，2013年。

本的产业结构调整主要是降低第一产业比重，提高第二产业和第三产业的比重，第一产业在国民经济中的比重从 1955 年的 23% 降低到 1970 年的 7.8%；第二产业从 28.6% 上升到 38.2%；第三产业从 48.4% 上升到 54%①。在第二产业内部则实现了由轻工业为主向高耗能、高污染为主的重化工产业转变，钢铁、化工和机械制造业等重工业成为日本国民经济的支柱产业。重工业的发展对能源、资源和人力资源需求极高，加之制度建设滞后，工业生产排放的废水、废气、废渣等对生态环境造成了严重的破坏，而重工业促使的人口集聚使得环境污染的受害面又急剧扩大，这一时期成了日本生态事故的高发期，比较有代表性的就是位列世界十大环境公害事件的"水俣病"事件。其后，日本政府开始从产业结构调整入手解决由经济增长所产生的环境公害问题。从 20 世纪 90 年代开始，日本将生态环境的要求纳入经济发展之中，按照可持续发展的要求调整产业结构。首先是依赖技术创新提高资源使用效率，实现产业由流量增加到存量活用增长的转型。其次是通过产业内部和产业之间的协同合作，形成循环性的产业结构。最后是推进环保产业的发展，以环保产业发展带动产业生态化发展。通过产业结构的调整，日本产业发展实现了质的蜕变，国民经济从数量增长转变为环境友好型增长。产业生态化既确保了日本经济的持续增长，也化解了生态环境危机，实现了经济、社会与生态的和谐发展②。

第三产业比重的提升和第二产业的内部结构升级是产业结构生态化主要体现。我国的产业结构在改革开放之后一直是由第二产业主导，虽然带来了经济 30 多年的持续增长，但却并不合理，产生了严重的环境污染。在第二产业中钢铁、水泥、电解铝等重工业占据很大的比重，在某些区域甚至是支柱产业，进而由于保增长等因素驱使，我国的产业结构调整和优化一直没有显著的成效。2008 年到 2013 年我国的国内生产总值增长了近 70%，但是产业结构并未发生明显的变化，2008 年三次产业在国民经济中的比重分别为 10.7%、47.4%、41.8%；2012 年为 10.1%、45.3%、44.6%；2013 年为 10.0%、43.9%、46.1%，第三产业仅在 2013 年超越

---

① 余晓泓：《日本产业结构从环境污染型到环境友好型演变分析》，《上海环境科学》2005 年第 4 期，第 169—172 页。

② 同上。

第二产业 2.2% 成为主导产业。美国 2013 年的 GDP 总量为 167997 亿美元，其中第一产业为 2691 亿美元、第二产业为 34274 亿美元、第三产业为 131033 亿美元。我国 2013 年 GDP 总量为 91897.4 亿美元，第一产业为 9201.5 亿美元、第二产业为 40336.7 亿美元、第三产业为 42359.3 亿美元。我国的 GDP 总量为美国的 54.7%，三次产业分别为美国的 342%、118%、32.3%。可见，处于工业化后期的我国面临着既要实现经济的高速增长，也要实现与生态环境的协调发展的双重任务。

因此，我国生态化产业在产业结构层面的建设就是要大力推进第三产业的发展，提高第三产业在国民经济中的比例，以此实现绿色低碳的生产，促进生态型经济结构的生成。

表 3—3　　　2005—2013 年我国三次产业占国内生产总值的比重

指标　　年份	2005	2006	2007	2008	2009	2010	2011	2012	2013
第一产业	12.1	11.1	10.8	10.7	10.3	10.1	10.1	10.1	10.0
第二产业	47.4	47.9	47.3	47.4	46.2	46.7	46.8	45.3	43.9
第三产业	40.5	40.9	41.9	41.8	43.4	43.2	43.1	44.6	46.1

资料来源：《中国统计年鉴》。

生态化产业在具体的产业形态层面是发展以环保产业为核心的新兴产业。西方国家早在 20 世纪就大力推进环保等新型产业的发展，取得了经济与环境保护的双赢。现阶段，生态化产业建设的重点是培育战略性新兴产业。

战略性新兴产业是以重大技术突破和重大发展需求为基础，对经济社会全局和长远发展具有重大引领带动作用，知识技术密集、物质资源消耗少、成长潜力大、综合效益好的产业。基于世情和国情考虑，我国将战略性新兴产业作为转变经济发展方式，实现健康、科学、可持续发展的战略重点。

战略性新兴产业能够引领经济发展方式向绿色、低碳化转型，以促进经济发展模式的生态转向。战略性新兴产业有助于加快形成支撑经济社会可持续发展的支柱性和先导性产业，优化升级产业结构，提高发展质量和效益，推进中国特色新型工业化进程，推动节能减排，积极应对日趋激烈的国际竞争和气候变化等全球性挑战，促进经济长期平稳较快发展。因此，战略性新兴产业是实现我国经济绿色发展的战略重点，一方面，战略性新兴产业的发展以生态化技术创新为基础；另一方面，战略性新兴产业作为国家经济转型的关键所在必然成为生态化产业的先导示范产业。因此，战略性新兴产业成为实现生态化技术创新和产业生态化的耦合点。

我国确定的战略性新兴产业七大领域，包括节能环保、新一代信息技术、生物、高端装备制造、新能源、新材料和新能源汽车。节能环保产业排在了第一位，环保产业成为未来国家经济转型发展的关键驱动力（见表3—4）。《"十二五"国家战略性新兴产业发展规划》中明确了节能环保产业的发展走向。一方面，节能环保产业发展要注重强化政策和标准的驱动作用，充分运用现代技术成果，突破能源高效与梯次利用、污染物防治与安全处置、资源回收与循环利用等关键核心技术，大力发展高效节能、先进环保和资源循环利用的新装备和产品。另一方面，节能环保产业发展要通过完善约束和激励机制，创新服务模式，优化能源管理，大力推行清洁生产和低碳技术、鼓励绿色消费，加快形成支柱产业，提高资源利用率，促进资源节约型和环境友好型社会建设①。

加快培育和发展战略性新兴产业具备诸多有利条件，也面临严峻挑战。我国目前已经成为世界第二大经济体，具有完备的产业结构，科技研发力量不断强化，部分产业的发展已经处于世界领先水平。尤其是国家历来重视发展基础工业和高新技术产业，相关产业具备了良好的转型升级条件。此外，企业也越来越重视抢占国家技术发展的制高点，提高自身产品的科技含量，积极参与国家生产价值链的重构。这些都是战略性新产业发展的有利条件。但就整体而言，我国企业的自主科技创新能力与发达国家企业还有相当的距离，关键性的产业技术知识产权非常有限。依托战略性新兴产业实现生态发展的出路就在于通过生态化技术创新实现战略性产业技术创新，进而推动战略性新兴产业的发展。围绕战略性新兴产业需求部署创新链，突破技术瓶颈，掌握核心关键技术，推动战略性新兴产业快速

---

① 《"十二五"国家战略性新兴产业发展规划》，中国政府网，http：//news. xinhuanet. com/energy/2012 - 07/21/c_ 123449379. htm，2012 - 07 - 21。

发展，增强市场竞争力，到 2015 年战略性新兴产业增加值占国内生产总值的比重力争达到 8% 左右，到 2020 年力争达到 15% 左右①。

表 3—4　　　　　　　　　　战略性新兴产业的重点领域

节能环保产业	重点开发推广高效节能技术装备及产品，实现重点领域关键技术突破，带动能效整体水平的提高。加快资源循环利用关键共性技术研发和产业化示范，提高资源综合利用水平和再制造产业化水平。示范推广先进环保技术装备及产品，提升污染防治水平。推进市场化节能环保服务体系建设。加快建立以先进技术为支撑的废旧商品回收利用体系，积极推进煤炭清洁利用、海水综合利用
新一代信息技术产业	加快建设宽带、泛在、融合、安全的信息网络基础设施，推动新一代移动通信、下一代互联网核心设备和智能终端的研发及产业化，加快推进三网融合，促进物联网、云计算的研发和示范应用。着力发展集成电路、新型显示、高端软件、高端服务器等核心基础产业。提升软件服务、网络增值服务等信息服务能力，加快重要基础设施智能化改造。大力发展数字虚拟等技术，促进文化创意产业发展
生物产业	大力发展用于重大疾病防治的生物技术药物、新型疫苗和诊断试剂、化学药物、现代中药等创新药物大品种，提升生物医药产业水平。加快先进医疗设备、医用材料等生物医学工程产品的研发和产业化，促进规模化发展。着力培育生物育种产业，积极推广绿色农用生物产品，促进生物农业加快发展。推进生物制造关键技术开发、示范与应用。加快海洋生物技术及产品的研发和产业化
高端装备制造产业	重点发展以干支线飞机和通用飞机为主的航空装备，做大做强航空产业。积极推进空间基础设施建设，促进卫星及其应用产业发展。依托客运专线和城市轨道交通等重点工程建设，大力发展轨道交通装备。面向海洋资源开发，大力发展海洋工程装备。强化基础配套能力，积极发展以数字化、柔性化及系统集成技术为核心的智能制造装备

① 中共中央、国务院：《关于深化科技体制改革加快国家创新体系建设的意见》，http://news. xinhuanet. com/mrdx/2012－09/24/c_ 131868366. htm，2012－09－24。

新能源产业	积极研发新一代核能技术和先进反应堆，发展核能产业。加快太阳能热利用技术推广应用，开拓多元化的太阳能光伏光热发电市场。提高风电技术装备水平，有序推进风电规模化发展，加快适应新能源发展的智能电网及运行体系建设。因地制宜开发利用生物质能
新材料产业	大力发展稀土功能材料、高性能膜材料、特种玻璃、功能陶瓷、半导体照明材料等新型功能材料。积极发展高品质特殊钢、新型合金材料、工程塑料等先进结构材料。提升碳纤维、芳纶、超高分子量聚乙烯纤维等高性能纤维及其复合材料发展水平。开展纳米、超导、智能等共性基础材料研究
新能源汽车产业	着力突破动力电池、驱动电机和电子控制领域关键核心技术，推进插电式混合动力汽车、纯电动汽车推广应用和产业化。同时，开展燃料电池汽车相关前沿技术研发，大力推进高能效、低排放节能汽车发展

资料来源：《国务院关于加快培育和发展战略性新兴产业的决定》。

第二节　政治与生态文明建设的协同发展

政治是社会行为的集中体现，是协调社会全局利益的公共管理活动①。政治建设通过法律制度的形式为公共事务治理提供有力保障和坚强后盾。生态文明建设涉及社会主义建设的各个方面，是一场史无前例的社会变革，这就要求创新社会基本制度等方面的政治建设为其提供制度保障。

社会主义政治文明建设是党的领导、人民当家作主和依法治国的有机结合与辩证统一。因此，实现政治与生态文明建设的协同发展，就是将生态文明建设的基本理念融入政治文明发展之中，将生态文明建设理念成为完善党的领导、法治体系建设和民主建设的指导思想，在具体的政治行为中体现生态文明建设的基本诉求。

一　建设生态化法治体系维系政治与生态文明建设协同发展

现代国家治理就其本质而言是依靠制度的治理，法治体系是国家

---

① 《马克思恩格斯文集》第1卷，人民出版社2009年版，第523页。

治理的主要平台。依法治国是坚持和发展中国特色社会主义的本质要求和重要保障，是实现国家治理体系和治理能力现代化的必然要求。生态文明建设是国家治理的重要内容，必须要在依法治国的体系中获得实现。

生态文明建设融入法治体系建设就是要实现法治体系的生态化。生态化的法治体系是指法治体系的各个部分（立法、执法、司法）不仅要契合生态文明建设的基本要求，还要为生态文明建设提供直接的制度供给。既要满足生态文明社会发展的制度需求，也要确保生态文明建设的有序推进。

法治体系是生态文明建设的主要制度保障。没有健全的法治体系，没有对法律的充分尊重，没有建立在法律之上的社会秩序，就没有良好生态文明建设局面的出现①。法治对生态文明建设有三个方面的主要价值。其一，法治能够维系生态文明建设主体的良性发展与有序运行。政府、市场和社会多元主体参与生态文明建设目的就是要实现公共资源的优化配置，前提是有清晰的权利（力）边界、顺畅的诉求表达机制、有效的纠纷化解与沟通平台。这是法治体系建设的应有之义，即立法明晰权利义务关系、执法司法保障权利的实现与主体间的制衡。其二，生态文明建设运行方式主要是由传统的管制转向了对话协商，尤其是要求政府与公民社会进行积极良性的互动。而法治国家的出现是各方利益主体妥协的产物，法治国家的存续有效地维护多元化格局和协商对话机制。因此，法治是有序的生态文明建设秩序的缔造者和健康发展的维护者。其三，生态文明建设的成果需要依靠法治体系维护。

"先污染后治理"是西方国家现代化发展的模式，造成了巨大的环境污染和生态破坏。在工业化后期或者是后工业化时期，欧美国家开始着手生态文明建设，法治建设发挥了积极的作用。生态法律关系具有的特殊性，传统的法律模式难以适应生态文明建设的需求。美国于 1970 年出台了《国家环境政策法》，宣告一种新的法律类型的形成。该法共计 26 条且绝大部分是软法规范（伦理性规范、授权性规范、义务性规范），主要涉及联邦政府与州政府在环境保护方面的分权协作。该法确立了环境政策

---

① 俞可平：《治理与善治》，社会科学文献出版社 2000 年版。

法的地位、环境影响评价制度以及国家环境保护的责任等方面，引领了全球范围内的生态立法，目前全世界有 80 多个国家以此为模板展开生态立法①，生态立法由此成为当代法治建设的重要内容，开启了生态化法治体系建设的大幕。

在党的领导下，经过六十余年的发展，中国特色社会主义法律体系已经基本建成，依法行政全面实施，司法体制改革不断深化，权力制约和监督机制日趋完善，不断推进各项工作法治化，但仍面临一些问题。法治建设存在的问题主要有：民主法治建设与经济社会发展的要求还不完全适应；法律体系呈现一定的阶段性特点，有待进一步完善；有法不依、执法不严、违法不究的现象在一些地方和部门依然存在；地方保护主义、部门保护主义和执行难的问题时有发生；有的公职人员贪赃枉法、知法犯法、以言代法、以权压法，对社会主义法治造成损害；加强法治教育，提高全社会的法律意识和法治观念，仍是一项艰巨任务。

在生态法治领域，虽然环境保护法律体系基本形成，而且也处于世界先进水平，但是在立法理念上依然仅限于环境保护而非生态文明建设，在法律体系上结构不甚合理，在法律的运行方面立法和执法司法无法有效衔接。生态化法治体系的建设处于起步阶段。

生态化法治体系建设首先是宪法的修订，实现宪法的生态化。宪法是国家的根本大法，是法治国家建设的根本方略和最终依据，处于法治体系建设的统领地位。依法治国，首先是依宪治国。将生态文明建设的基本理念融入宪法之中可谓是生态化法治体系建设的关键举措。以生态文明建设为指向的宪法修订主要有三个方面。

其一，在《宪法》序言的国家指导思想部分，增加生态文明建设的内容，建议修改为："推动物质文明、政治文明、精神文明、社会文明与生态文明建设的协同发展，把我国建设成为富强、民主、文明、生态的社会主义国家。"

其二，在《宪法》总纲部分体现生态文明建设在社会主义事业建设中的统领地位，将"国家保护和改善生活环境和生态环境，防治污染和

① Scheberle D., *Federalism and Environmental Policy*, Georgetown University Press, 2004.

其他公害。国家组织和鼓励植树造林，保护林木"① 修改为"生态文明建设是社会主义的重要组成部分，生态文明建设在社会主义事业中处于统领地位。坚持节约资源和保护环境的基本国策，坚持节约优先、保护优先、自然恢复为主的方针，着力推进绿色发展、循环发展、低碳发展，形成节约资源和保护环境的空间格局、产业结构、生产方式、生活方式，从源头上扭转生态环境恶化趋势，为人民创造良好生产生活环境，为全球生态安全作出贡献"。

其三，在《宪法》第二章"公民的基本权利和义务"增加"生态权利"的相关规定，使得生态权利正式成为公民的一项基本权利，提升生态权利的地位，具体可以在公民基本的政治权利和人身自由之后的第四十一条采取"概括加列举"的立法技术作出相关规定："国家尊重和保障公民的生态权益，公民可以依法、合理地享用、开发、保护和改善生态系统的权利，在生态公共决策中公民享有参与权、知情权、管理权。"生态权在宪法文本的出现是生态文明建设融入宪法的第一步，但是尤为重要的是宪法的实施。宪法的生命力在于实施。由于我国不仅没有违宪审查机制，而且最高法院规定法院的判决不能直接引用宪法来判，只能以具体的法律来判，这直接导致了宪法被虚置。因此，生态化法治体系建设需要宪法的实施机制的完善，使得宪法能在生态文明艰涩的实践中发挥积极的建设性作用。

生态化法治体系建设的中心是生态法律制度体系建设，将"用严格的法律制度保护生态环境，加快建立有效约束开发行为和促进绿色发展、循环发展、低碳发展的生态文明建设法律制度，强化生产者环境保护的法律责任，大幅度提高违法成本"的生态文明建设理念制度化②。自1979年《环境保护法（实行）》开始，经过三十余年的制度建设，已经构建了相对完备的环境保护和资源开发的制度框架。这其中包括全国人大常委会制定的国家法律30部，其中环境保护法律10部、资源开发和保护的法律

---

① 《中华人民共和国宪法》，http：//www. gov. cn/gongbao/content/2004/content_ 62714. htm，2004 - 03 - 14。

② 《中共中央关于全面推进依法治国若干重大问题的决定》，http：//news. xinhuanet. com/politics/2014 - 10/28/c_ 1113015 330. htm，2014 - 10 - 28。

20 部，国务院出台了 25 部环境保护的行政法规、数百部部门规章以及一千余项环境标准，在其他法律部门如民法、刑法、行政法等法律部门都有专门章节作出相关规定，如"破坏环境资源保护罪"和"环境污染责任"。最高人民法院和最高人民检察院对环境保护和资源开发做出关于惩治环境犯罪法律适用的司法解释。此外，还有众多的地方法规和我国批准的国际公约。但是如果从生态文明建设的理念审视就会发现我国的生态法律制度还存在诸多缺陷和不足，无论是立法理念还是具体的法律规范，抑或法律体系内部的协调度均还有诸多待完善之处。以党的十八届三中、四中全会精神为指引，生态法律制度体系建设要集中关注于建立健全自然资源产权法律制度、完善国土空间开发保护方面的法律制度、制定完善生态补偿的制度和制定完善土壤、水、大气污染防治及海洋生态环境保护等法律法规四个方面的内容。

　　法律的生命在于实施，生态化法治体系的关键在于生态法律制度的实施。法律制度的实施通常有行政与司法两个途径。行政方面存在的主要困境就是缺乏一支强有力的生态行政执法力量。既有的环境执法部门由于制度设计缺陷导致没有强有力的执法权，而且无法与生态司法有效对接。如按照政法惯例，生态刑事责任的追究往往是由公安机关发起并移送检察机关，而非环境行政机关。"环保警察"是对这一困境化解的有益探索。2008 年 11 月 25 日，昆明市公安局环境保护分局成为全国首支"环保警察"队伍；截至 2014 年 11 月，全国有浙江、辽宁、河北、山东、贵州等 5 省设省级"环保警察"。但是目前大部分的地市还尚未成立专门负责环境犯罪的专业队伍，而环保与公安系统，乃至与检察、法院系统的衔接以及取证专业性等问题还缺乏具体的规定①。

　　司法是化解权益纠纷的主要渠道，但是生态领域的权益纠纷目前主要依靠信访或举报投诉等行政途径解决，司法在维护生态权益方面的价值没有得到充分发挥。生态保护法庭的设立就是为了改变这一局面。至 2007 年贵阳清镇市人民法院成立我国第一家生态保护法庭以来，迄今已有 16 个省（区、市）设立了 134 个生态保护法庭、合议庭或者巡回法庭。但

---

　　① 《全国 5 省设省级"环保警察"探路环境犯罪执法》，《新京报》，http：//ces. ruc. edu. cn/displaynews. php？ id＝543，2014－10－27。

是生态保护法庭在实践中并没有发挥较大的作用，普遍存在无案可审的状态。来自环保部信访部门的数据显示，"十一五"期间，环境信访30多万件，行政复议2614件，但行政诉讼只有980件，刑事诉讼只有30件，真正通过司法诉讼渠道解决的环境纠纷不足1%。原因是多方面的，既有生态制度体系建设的不完善，也有司法体制固有的缺陷。司法要发挥在生态文明建设中的积极作用，必须要在国家司法体制改革的同时，完善生态法律制度建设和生态司法机构的设置。结合党的十八届四中全会有关设置与行政区划相分离的司法机构，在生态案件多的重点污染区域、连片污染区域、水系，结合地理情况，设置跨区域审判机构。

最高人民法院于2014年7月表示将设立专门的环境资源审判庭，试图通过最高司法机关的体制创新化解我国生态司法目前的困境。最高人民法院环境资源法庭主要将审判第一、二审涉及大气、水、土壤等自然环境污染侵权纠纷民事案件，涉及地质矿产资源保护、开发有关权属争议纠纷民事案件，涉及森林、草原等自然资源环境保护、开发、利用等环境资源民事纠纷案件；对不服下级法院生效裁判的涉及环境资源民事案件进行审查，依法提审或裁定指令下级法院再审；对下级法院环境资源民事案件审判工作进行指导；研究起草有关司法解释等。与此同时，最高人民法院还要求各省高院要设立环境资源专门审判机构，各地中院应根据环境资源审判业务量，合理设立环境资源审判机构，案件数量不足的地方，可以设立环境资源合议庭。个别案件较多的基层法院经高级人民法院批准，也可以考虑设立环境资源审判机构。通过全国性的司法体制改革，建立完备的生态司法体制，促进生态法律制度的有效实施。

二　完善生态化党的领导方式确保政治与生态文明建设协同发展

党的领导是政治文明的核心，是社会主义政治文明建设的决定因素，因此，实现政治与生态文明建设协同发展最重要的体现就是把生态文明建设的理念融入党的领导的各个方面，实现党的领导方式生态化。生态化党的领导方式主要围绕三种党的领导方式展开，即政治领导、思想领导和组织领导，重点是树立契合生态文明建设的党的领导导向，引领政治文明的发展。

党的政治领导就是将马克思主义普遍原理和中国实际结合起来，在革命和建设的各个阶段上，提出明确的政治任务、政治目标和政治方向，制定实现这种任务、目标、方向的路线、方针和政策，动员、组织、带领人民群众共同奋斗①。党的领导方式生态化在政治领导方面的体现是将生态文明建设作为党的领导纲领的重要内容，并为之制定相应的具体政策。党的十八大报告已将生态文明建设写入党章，成为社会主义建设的行动指南。十八届三中全会通过的《改革决定》对生态文明建设做出了专门的规定，明确了生态文明建设的重点和实现方式。中央成立全面深化改革领导小组，专设经济体制和生态文明体制改革专项小组，将为生态文明建设提供更为翔实、科学的方针和政策。

党的思想领导就是通过党的理论工作、宣传工作和思想政治工作，提高全党和全国人民的政治觉悟和思想水平，调动和激发人们的社会主义积极性、创造性。党的思想领导是政治领导的保障，没有正确的思想领导，政治领导的任务是无法完成的。建设生态文明建设是党对人与自然、发展与环境关系认识上的飞跃，是对马克思主义生态观的继承和发展。党的领导方式生态化在党的思想领导上体现为坚持马克思主义在生态文明建设中的指导地位，在党内和党外普及生态文明建设的基本要义、立场、观点和方法，提高人民群众对生态文明建设问题的认知水平和思想觉悟。在创新和完善党的思想领导的过程中，党的领导方式生态化的理念是一个长期的、循序渐进的过程，当务之急是改变一以贯之的"发展就是硬道理""以经济建设为中心实现现代化"等唯经济增长、唯GDP的思想观念，首先树立一种正确的、全面的经济发展观。亨廷顿在研究现代化问题时指出，经济发展有两个重要的诠释维度。其一是经济活动发展与产量增长，这个与平常的认识相一致，但是亨廷顿的经济增长衡量指标不仅仅局限于GDP，还包括人均国民生产总值、工业化水平等；其二，经济发展的衡量维度就是国民的福利水平，具体通过国民的富裕程度、医疗教育水平和平均寿命来测量②。而目前还有很多党员以及公众对经济发展的认识还停留

---

① 《中国共产党章程》，http://www.gov.cn/test/2008-08/01/content_1061476.htm，2008-08-01。

② [美]塞缪尔·亨廷顿：《变化社会中的政治秩序》，王冠华等译，上海人民出版社2008年版，第6页。

在 GDP 上，这是一种片面的经济发展观，导致了层出不穷的生态危机和环境破坏。发展党的领导方式生态化在思想领导方面就是要促进在全党树立科学的发展观，注重经济与生态文明建设的协同发展。

党的组织领导就是通过各级党组织及党的干部和广大党员，对人民群众实现组织上的领导。党在人民军队、政府机关、社会团体、企事业单位、城市社区和农村基层建立党组织，党员在这些组织机构中担任领导工作，是党实现组织领导的主要途径之一。生态文明建设是一项系统工程，要融入经济建设、政治建设、文化建设和社会建设各方面和全过程。生态文明建设融入"四大建设"，首先要融入"四大建设"相关职能部门的工作之中。生态文明建设不可能由一个部门或几个部门来完成，必须在部门间形成合力。由于政府职能部门工作任务各有侧重，在共同推进生态文明建设过程中不可避免会出现条块分割、权责不明、沟通不畅等问题。通过党组织的协调统筹，有利于打破部门之间的障碍甚至壁垒，促进党政机关各职能部门形成推进生态文明建设的合力。其次，党组织在生态文明建设中具有桥梁纽带作用。生态文明建设需要全社会共同努力，尤其要努力促进生态文明建设观念在全社会牢固树立，让尊重、顺应、保护自然成为社会风尚，为推进生态文明建设营造良好的社会氛围。党组织通过结对共建和党员志愿者行动，以及工青妇组织走进企业、走进社区、走进农村、走进学校等活动，能够在机关与基层、与社会公众之间搭建起沟通的桥梁，引导环保干部职工担当生态文明建设的宣传者、践行者和促进者，大力弘扬生态文明建设理念，培育生态文明建设道德，增强全民节约意识、环保意识、生态意识，形成合理消费的社会风尚，营造爱护生态环境的良好风气。因此，党的领导方式生态化在组织领导方面首先体现为依托完备的党组织体系，在各级、各部门的社会主义建设中确保契合生态文明建设的具体要求，将党中央所确立的生态文明建设发展战略和方针政策贯彻实施。

完善生态化党的领导方式在组织领导方面最为有效的途径是加强环保部门的一把手的职级配置。"党管干部"的原则，是中国共产党长期坚持的一项重要原则，是党的组织路线为政治路线服务的一项有力保障。主要是指各级党委坚持贯彻执行党的干部路线、方针和政策，严格按照党的原则选拔任用干部，并对各级、各类干部进行有效管理和监督，是党和国家干部管理制度的根本原则。在我国的政治体制中，部门负责人的职级配置

往往反映出中央对该部门主管业务的重视程度，在实际中也确保了该部门
具有强势的话语权，能够确保党的意志得到较好的执行，这也就是党政干
部"高配"的缘由，如各级的公安机关负责人往往均是属于"高配"，这
就与党对社会稳定的高度重视有密切关系。环境保护机关是生态文明建设
的主阵地、主战场，环保部门肩负着生态文明建设先行者、践行者、推动
者的角色与使命。但是环保部门长期处于弱势地位，虽然近年来国家对环
保工作很是重视，但是环保部门依然摆脱不了"二线部门"的局面。一
项对全国省级环保厅局长调查显示，近 20 年来，全国有 99 位环保厅局长
先后卸任，其中真正意义职级晋升、由正厅到副省的只有 1 位，仅相当于
1%；26 位转任其他部门或交流到地市，占 26%；其余 70% 以上或到人
大、政协、社会组织等二线岗位继续工作，直至退休。环保部门的负责人
几无上升空间①。这种现象就导致在环保系统形成了这样的思想共识：一
个领导无论多么优秀，只要到了环保部门，就意味着职业官员生涯的终
结。在现有体制之下就造成了组织部门选人用人时不将优秀人才向环保部
门倾斜，同时优秀的领导干部不愿到环保部门工作的困境。以组织领导为
切入推进生态文明建设，要求各级党委对环保部门的负责人职级配置予以
高度关注，大胆改革，强势配备负责人，打通他们的上升空间和渠道，以
带动整个环保体系的队伍建设。

　　考核体系是党员干部行为的指南针，实施党的领导方式生态化在党的
组织领导方面另一重点就是改革创新党政员干部的考核、评价、奖惩制度
和办法。传统的党员干部考核条例围绕经济建设的中心确立，对生态环境
方面的指标体系关注不够。改革党员干部考核条例，将生态文明建设具体
指标纳入考核条例，而且要置于同等重要的地位，实现考核模式的根本转
变。2013 年中共中央组织部《关于改进地方党政领导班子和领导干部政
绩考核工作的通知》提出了关于改革和完善干部考核评价制度的八条具
体措施，将生态文明建设的理念融入其中，对传统的"GDP 的政绩考核"
模式进行纠偏。首先是明确了政绩考核是针对经济、政治、文化、社会、
生态文明建设和党的建设的实际成效，不再把地区生产总值及增长率作为
考核评价政绩的主要指标以及生产总值及增长率排名。其次，按照生态功

---

①　曹小佳：《谁来配强环保一把手？》，《中国环境报》2014 年 12 月 17 日。

能区划确定不同的考核模式，依据不同的生态功能区的生态定位和当地的发展实际制定有差别的考核体系。最后，在具体的考核指标中把生态文明建设细化到指标之中。增加了"加大资源消耗、环境保护、消化产能过剩、安全生产等指标的权重"以强化这些指标对于经济类、开发类指标的约束性，强调"不能仅仅把地区生产总值及增长率作为考核评价政绩的主要指标"[①]。

地区发展与民生指数也对政绩考核的改革也具有参照意义。中国统计学会和国家统计局统计科学研究所为了客观、全面、科学反映各地区经济社会发展和民生改善情况，编制了地区发展与民生指数评价指标体系，包括经济发展、民生改善、社会发展、生态文明建设、科技创新和公众评价六大方面，共42项指标[②]。

表3—5　　　　　　　　　地区发展与民生指数评价指标体系

一级指标	二级指标	三级指标	单位	权重
经济发展 (20.0)	经济增长	人均 GDP	元	3.0
		GDP 指数	上年 = 100	2.0
	结构优化	服务业增加值占 GDP 比重	%	3.0
		居民消费占 GDP 比重	%	3.0
		高技术产品产值占工业总产值比重	%	3.0
		城镇化率	%	3.0
	发展质量	全社会劳动生产率	元/人	3.0

① 《关于改进地方党政领导班子和领导干部政绩考核工作的通知》，http://politics. people. com. cn/n/2013/1209/c70731 - 23 791740. html，2013 - 12 - 29。

② 中国统计学会国家统计局统计科学研究所：《2013 年地区发展与民生指数（DLI）统计监测结果》，http://www.gov.cn/xinwen/2014 -12/31/content_ 2798811. htm，2014 - 12 - 31。

续表

一级指标	二级指标	三级指标	单位	权重
民生改善 (26.0)	收入分配	城乡居民收入占 GDP 比重	%	3.0
		城乡居民收入比	农村＝1	3.0
	生活质量	城镇居民人均可支配收入	元	2.5
		农村居民人均纯收入	元	2.5
		城乡居民家庭恩格尔系数	%	1.5
		人均住房使用面积	平方米	1.5
		城镇保障性住房新开工面积占住宅开发面积比重	%	0.5
		互联网普及率	%	1.5
		每万人拥有公共汽（电）车辆	台	1.5
		平均预期寿命	岁	2.0
		农村自来水普及率	%	2.0
		每千人拥有社会服务床位数	张	2.0
	劳动就业	城镇登记失业率	%	2.5
社会发展 (21.0)	公共服务支出	人均基本公共服务支出	元	2.5
		地区经济发展差异系数	—	2.5
	区域协调	文化产业增加值占 GDP 比重	%	2.5
	文化教育	平均受教育年限	年	2.5
	卫生健康	5 岁以下儿童死亡率	‰	2.5
	社会保障	基本社会保险覆盖率	%	2.5
		农村最低生活保障救助标准占农村居民人均消费支出比例	%	1.5
		城镇最低生活保障救助标准占城镇居民人均消费支出比例	%	1.5
	社会安全	社会安全指数	%	3.0

续表

一级指标	二级指标	三级指标	单位	权重
生态建设 (20.0)	资源消耗	单位 GDP 能耗	吨标准煤/ 万元	3.0
		单位 GDP 水耗	吨/万元	3.0
	环境治理	单位 GDP 建设用地占用	亩/万元	3.0
		环境污染治理投资占 GDP 比重	%	2.0
		工业"三废"处理达标率	%	2.0
		城市生活垃圾无害化处理率	%	2.0
		城镇生活污水处理率	%	2.0
		环境质量指数	%	3.0
科技创新 (13.0)	科技投入	万人研究与试验发展（R&D）人员全 时当量	人/年	3.5
		R&D 经费支出占 GDP 比重	%	3.5
	科技产出	高技术产品出口占总出口比例	%	3.0
		万人专利授权数	件	3.0
公众评价	公众满意	人民群众对发展与民生改善的满意度	—	—

三 加强生态化民主建设巩固政治与生态文明建设协同发展

人民当家作主是社会主义政治文明建设的本质和核心。民主是社会主义的生命，没有民主就没有社会主义，就没有社会主义的现代化①。生态文明建设拓展了民主传统范畴，使得民主的发展有了新的内涵。民主在生态文明建设中就体现为生态化民主建设。

生态化民主建设通常是指社会公众享有的在生态文明建设中参与和决策的资格，并据此享有和承担法律上的权利和义务，是人民当家作主的社会主义国家本质在生态文明建设领域的存在形态。

生态化民主建设对社会主义生态文明建设有积极的作用。其一，生态

---

① 辛向阳：《中国共产党的领导是中国特色社会主义最本质特征》，《光明日报》2014 年 10月 14 日。

化民主建设有助于实现最广泛的人民民主，为广大群众提供利益表达机制，化解环境群体性事件，实现社会秩序的稳定。随着环境意识的觉醒，生态问题成为现在公众最为关注的生计问题。但是由于生态化民主建设机制的匮乏，没有对话、沟通、诉求表达机制，近年来由环境引发的群体事件呈现出"井喷式"的增长。1996 年至 2012 年，全国环境群体性事件以年均 29% 的速度增长[①]。通过生态化民主建设，构建政府、市场和公民社会之间有效的对话协调机制和政治参与机制，有效减少社会矛盾和摩擦，实现生态文明建设过程的利益最大化，确保社会秩序的长治久安。

其二，生态化民主建设有助于避免政府的战略决策失误。世界银行估计，"七五"到"九五"期间，我国投资决策失误率在 30% 左右，资金浪费及经济损失大约在 4000 亿—5000 亿元[②]，如果按照全社会投资决策成功率 70% 计，则每年因决策失误而造成的损失为 1200 亿元。20 年来，损失应该在 24000 亿元。其中仅仅是石油和化工行业在 1979—1999 年这 20 年内，因决策失误而造成的损失就不低于 800 亿元。生态化民主建设确保了参与主体的多元性，能聚共识，形成治理合力，确保生态文明建设的民主性与科学性。

生态化民主建设要克服片面的建设观，将生态化民主建设等同于生态公共政策必须要经过民主决策程序。这只是生态化民主建设的一个方面，还有更为重要的另一个方面，即生态化民主建设要更为关注和尊重少数人的意见，不可以多数人决定的方式否定少数人的生态权益。生态权益不同于传统的经济权益，难以或者根本不能够用数量关系来衡量，与个体不可分割，更难以补偿。仅仅注重"多数人决定"意义上的民主会有多数人暴政的危险出现。如一个工程项目的表决中反对者属于极少数，按照传统民主的标准，实施这一工程无疑是符合生态化民主的要求。但是，极有可能的情况是支持这一项目的人可能是受这一项目负面的生态影响极低的群体，或者是从"不在我家后院发生"的避邻态度而支持这一项目。这部

---

① 冯洁、汪韬：《求解环境群体性事件》，http：//www. infzm. com/content/83316，2012 - 11 - 29。

② 唐岩：《最痛莫过决策失误》，http：//news. 163. com/2004w02/12465/2004w02_1077002268273. html，2004 - 02 - 17。

分群体还经常会以公共利益代表者或者是长远利益考量者等"正义"的身份出现。而负面的生态影响的承受主体恰恰是少数，距离项目的负面影响中心距离最近、受危害程度最高，但是在民主投票中无法达到多数。此外，这一群体中还会有部分个体出于一己私利而"背叛"，或者因受到人身、财产等迫害或威胁而放弃反对。这些情况使得本来人数不占优势的反对者数量愈发的低，反对的声音愈加微弱。民主不是装饰品，不是用来做摆设的，而是要用来解决人民要解决的问题的①。因此，在进行生态化民主建设顶层设计的同时要加强对少数人的生态权益的保障。

名非天造，必从其实。生态化民主建设目前主要的实现形式是生态公众参与。生态公众参与是公民、法人和其他组织自觉自愿参与生态立法、执法、司法、守法等事务以及与生态相关的开发、利用、保护和改善等活动。公众参与生态文明建设是维护和实现公民生态权益、加强生态文明建设的重要途径。生态公众参与就是通过制度设计，确保公众能够充分、有效地参与到国家的生态文明建设实践之中。当前，公众参与环境保护以环境信访为主的被动参与居多（根据环保部统计的数据近几年全国年均环境信访量是 74 万余件，自 2002 年以来年均增长 30%）。环境信访是指公民、法人或者其他组织采用书信、电子邮件、传真、电话、走访等形式，向各级环境保护行政主管部门反映环境保护情况，提出建议、意见或者投诉请求，依法由环境保护行政主管部门处理的活动。总体而言，公众在生态文明建设中主动参与少，形式上参与多，实质性参与少。公众参与主要方式集中在末端参与，即在环境遭到污染和生态遭到破坏之后，公众受到污染影响之后才参与到环境保护之中，相应的对保证环境参与权、表达权的全过程参与较少，且参与活动往往受到局限，缺乏公众参与的有效性和广泛性②。2014 年 4 月通过的新修订的《中华人民共和国环境保护法》对信息公开和公众参与设专章做出规定，其后环保部专门出台了《关于推进环境保护公众参与的指导意见》。两部法律文件明确了生态公众参与的

---

① 习近平：《在庆祝中国人民政治协商会议成立 65 周年大会上的讲话》，http：// news. xinhuanet. com/yuqing/2014 – 09/22/c_ 1270 14744. htm，2014 – 09 – 22。

② 《推动环保公众参与　创新环境治理模式》，http：//news. xinhuanet. com/politics/2014 – 07/31/c_ 126818187. htm，2014 – 07 – 31。

具体领域，即生态公众参与的重点领域，包括环境法规和政策制定、环境决策、环境监督、环境影响评价、环境宣传教育等。国家通过加强宣传动员、推进环境信息公开、畅通公众表达及诉求渠道、完善法律法规和加大对环保社会组织的扶持力度等方式确保生态公众参与的途径畅通。通过建立公众参与机制，完善环境立法、重点项目环评等的听证制度；探索社区环境圆桌对话机制，建立政府、企业、公众定期沟通、平等对话、协商解决的平台。

表3—6 　　　　　　　　　2000—2010年全国环境信访

年份	来信总数（封）	水污染（件）	大气污染（件）	固体废物污染（件）	噪声与震动（件）	来访批次（批）	来访人次（次）
2001	369712	47536	144880	6762	154780	80575	95033
2002	435420	47438	160332	7567	171770	90746	109353
2003	525988	60815	194148	11698	201143	85028	120246
2004	595852	68012	234569	10674	254089	86892	130340
2005	608245	66660	234908	10890	255638	88237	142360
2006	616122	73133	242298	8538	263146	71287	110592
2007	123357	23788	45986	3762	40638	43909	77399
2008	705127	106521	286699	14135	239737	43862	84971
2009	696134	100497	260168	15010	242521	42170	73798
2010	701073	91967	262953	12908	262389	34683	65948
2011	201631	—	—	—	—	53505	107597
2012	107120	—	—	—	—	43260	96145
2013	103776	—	—	—	—	46162	107165
2014	113086	—	—	—	—	50934	109426

资料来源：《中国环境统计年鉴》。

说明：2011年后未分类统计。2015年数据未发布。

第三节 文化与生态文明建设的协同发展

党的十八大报告指出，"五位一体"的中国特色社会主义建设必须依赖于社会主义文化大发展大繁荣，充分发挥文化在社会发展中所独有的"引领风尚、教育人民、服务社会、推动发展"价值。可见，文化建设对生态文明建设具有积极的价值，为生态文明建设提供思想保证、精神动力和智力支持①。文化与生态文明建设的协同发展就是将生态文明建设的理念融入具体的文化建设之中。

文化有广义和狭义之分。广义的文化是人类物质生产所形成的一切活动的总和，包括有物质文化、制度文化和精神文化。狭义的文化是意识的范畴，是指社会的意识形态。在狭义的层面上，文化是社会存在的反映，依赖于社会存在。马克思指出，"人民的观念、观点和概念，一句话，人们的意识随着人们的生活条件、人们的社会关系、人们的社会存在的改变而改变"②。狭义的文化是社会有机体的组成部分。

本书将文化建设的内容划分为感性认识、理性知识和思维。感性认识是意识的初级阶段和初级形式，是由感官直接感受到的关于事物的现象、事物的外部联系、事物的各个片面的认识。理性知识是在感性认识的基础上，经过归纳和抽象，形成了对社会存在具有普遍规律性的认识。思维是理性知识的递进形态，在社会主体对社会存在的本质性认识的基础之上，形成了对人们的言行起决定性作用的意识理念。

按照前述的划分标准，文化与生态文明建设协同发展可以从生态意识、生态知识和生态化思维三个层次展开。生态意识是文化与生态文明建设协同发展的初级阶段，是人对生态环境最直接、最形象的认识，包含心理、感受、感知、思维和情感等因素。生态知识是理性化、科学化的生态意识，是对生态意识的抽象归纳和科学提炼，剔除了生态意识不系统和非理性的因素。生态化思维则是生态知识的递进阶段，公众经过生态意识和生态知识的洗礼，形成了决定着人民的实践行为的最终认识。

文化与生态文明建设协同发展首先是生态意识的普及。生态意识是公众对生态系统最直观、最感性的认识和反映，是文化与生态文明建设协同发展的第一步。其次，文化与生态文明建设协同发展需要传播理性的生态知识。仅具有生态意识的社会无异于是一个富有激情而匮乏冷静思考的群体，长此以往无论是个体利益还是公共利益均会受到消极的影响。近年来

---

① 周鑫：《西方生态现代化理论与当代中国生态文明建设》，光明日报出版社2012年版，第57页。

② 《马克思、恩格斯、列宁论意识形态》，中国社会科学出版社2009年版，第64页。

数起"避邻运动"（not in my yard）型的环保事件就是明证。因此，文化与生态文明建设协同发展必须要有生态知识在场，以弥补生态意识的局限。最后，文化与生态文明建设协同发展的最终目标是生态化思维的养成。历经生态意识和生态知识的洗礼，促使了生态化思维的形成。生态化思维是文化与生态文明建设协同发展最终归宿。生态化思维是个体将生态文明建设的基本要求自觉地纳入思维活动中的结果，由封闭的、片面的"人本思维"转向"天人合一"的开放思维①。改变近代以来人与自然主客二分的反自然的思维惯性，避免人类继续以自然的征服者的形象出现，立足于人与自然的和谐共生。工业文明不但没有实现人与自然的和谐共生，反而使人与自然的对抗和冲突不断加深。生态化思维实质主要体现在两个方面。其一，在人与自然关系问题上，从主客二分、主客体之间的绝对对立转向主客体的和谐统一。其二，在人与人之间的关系上，从个体本位、群体本位转向类本位。

一　培养生态意识引导文化与生态文明建设协同发展

生态意识（environmental awareness）是反映人与自然关系和谐发展的价值认识，由生态忧患意识、生态责任意识和生态道德与法律意识等内容构成。普及生态意识是传播生态知识和生成生态化思维的必要条件和基础，能够激发社会公众对生态问题的敏感，以和谐共生的态度善待生态环境。世界各国尤其是英、德、美等发达国家为了治理生态均设置专门的机构进行生态意识教育，卓有成效的生态意识教育有力地推动了社会的生态治理共识形成和生态行为模式养成。这些国家的生态环境也由此得到了极大的改善，以往是"寂静的春天"，如今却是人与自然和谐共生的乐园。

十八大报告明确提出："加强生态文明建设宣传教育，增强全民节约意识、环保意识、生态意识，形成合理消费的社会风尚，营造爱护生态环境的良好风气。"② 2013 年 5 月 24 日，中共中央政治局第六次集体学习

---

① 刘湘溶：《我国生态文明建设发展战略研究》，人民出版社 2012 年版，第 113 页。
② 胡锦涛：《坚定不移沿着中国特色社会主义道路前进　为全面建成小康社会而奋斗——在中国共产党第十八次全国代表大会上的报告》，http：//www. xj. xinhuanet. com/2012 - 11/19/c_113722546. htm，2012 - 11 - 19。

时，习近平总书记再次强调要加强生态文明建设宣传教育，增强环保意识①。

生态意识可以用知晓度、认同度和践行度三个维度进行测量。知晓度是公众对生态文明建设概念、生态环境问题、生态文明建设战略等基本内容的了解及辨识程度。认同度是公众对生态文明建设、环境友好行为、农村生态环境保护、饮用水及食品安全的认可度。践行度则是指在节约资源、理性消费、举报环境违法行为及主动宣传生态文明建设的日常行为习惯。这三个维度基本涵盖了生态忧患意识、生态价值意识、生态道德意识、理性消费意识和环境法治意识五个方面。环保部于2013年以此为模式进行了首次全国生态文明建设意识调查。调查显示公众的生态意识呈现出"高认同、低认知、践行度不够"的特点，公众对生态文明建设的总体认同度、知晓度、践行度得分分别为74.8分、48.2分、60.1分（百分制）。具体而言，当下的生态意识具有如下特征：对国家建设生态文明建设与"美丽中国"的战略目标高度认同，但是生态文明建设知识的知晓度呈现"高了解率、低准确率、知晓面广"的特征，也就是没有正确的生态文明建设知识；对生态文明建设知识掌握较好的人群，其践行度相对较低，知行存在反差；对生态文明建设信息的获取以电视、网络和报纸为主，网络的上升势头迅猛，年轻人获取生态文明建设信息的渠道更加现代化、多样化；生态文明建设的参与意识较强，但是环境法治意识较低，普遍缺乏维权意识②。

生态文明建设靠宣传教育起家，也要靠宣传教育发展。公众对生态文明建设理念的认知程度和践行程度与生态意识的宣传教育有极大的关联，培育生态意识需要从生态意识教育着手。

首先，政府要加大对生态意识的培育，为其提供坚实的制度和物质保障。在生态文明建设时代，培育生态意识是政府公共服务职能的重要内容。生态意识培育是由政府主导的系统工程，需要大量的人力物力投入，而且还是一项立足长远的战略行为，因此就需要国家在物质上提供

---

① 《习近平主持中共中央政治局第六次集体学习》，http：//news. xinhuanet. com/video/2013－05/24/c_ 124761554. htm，2013－05－24。

② 《全国生态文明建设意识调查研究报告》，《中国环境报》2014年3月24日。

充足的保障，并通过制度建设确保生态意识教育的系统性和连续性。
2011 年由环境保护部、中宣部、中央文明办、教育部、共青团中央、
全国妇联等六部委联合发布了《全国环境宣传教育行动纲要（2011—
2015 年）》，对"十二五"时期全国环境宣传教育工作进行全面部署，
明确了"十二五"全国环境宣传教育工作的基本原则和总体目标①。这
是中央部委首次就生态意识教育做出的制度性规定，成为全国生态意识教
育的纲领性文件，有助于系统地提升全民生态意识，推进资源节约型、环
境友好型社会建设。

其次，创新宣传教育模式，实现"精准"的生态意识教育。网络文
化时代的来临对传统的信息传播方式形成了严重的冲击，要实现有效的
生态意识教育就必须要立足网络时代的传播规律，创新传播方式，针对
不同的受众做到有的放矢，实现精准教育。2014 年 8 月 18 日，习近平
同志主持召开中央全面深化改革领导小组第四次会议，审议通过了《关
于推动传统媒体和新兴媒体融合发展的指导意见》。习近平指出："坚
持先进技术为支撑、内容建设为根本，推动传统媒体和新兴媒体在内
容、渠道、平台、经营、管理等方面的深度融合，着力打造一批形态多
样、手段先进、具有竞争力的新型主流媒体，建成几家拥有强大实力和
传播力、公信力、影响力的新型媒体集团，形成立体多样、融合发展的
现代传播体系。"对于中青年的生态意识教育要充分利用网络新媒体的
传播方式，注重使用 3D、高清、多媒体、虚拟现实等高新技术提升生
态意识传播的表现力。充分运用微信、微博、QQ 等网络通信平台，打
造具有超强传播力的生态意识教育网络精品。微信已经成为亚洲地区用
户群体最大的移动即时通信软件，当下中国甚至是亚洲已经开始逐步进
入"微时代"。公共微信订阅号成为关注度极高的新型传播方式。针对
老年人、低学历人群和农村等偏远地区受众要采取电视、广播等传统方
式进行宣传教育，从与其密切相关的生态民生问题入手确定宣传主题，
以生活化的内容、寓教于乐的方式运用生动活泼的语言进行宣传，让生
态文明建设宣传报道更加亲民。

①　环保部等六部委联合发布：《全国环境宣传教育行动纲要（2011—2015 年）》，http：//
politics. people. com. cn/GB/1027/14745114. html，2011 - 05 - 26。

最后，生态意识培育要在公共参与中实现，在实践中培育和提升。生态意识并不是生态公共参与的前置程序或必要条件，两者可以并行不悖，互相促进，公众通过生态参与直观地感受真实的生态文明建设进程，增强了生态文明建设理念，进而在实践中会提高其生态文明建设的知识和能力，并通过社会交往，影响和辐射更为广阔的人群参与到生态文明建设之中。

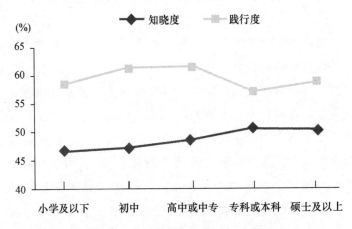

图3—1　不同文化程度受访者的知晓度、践行度得分比较

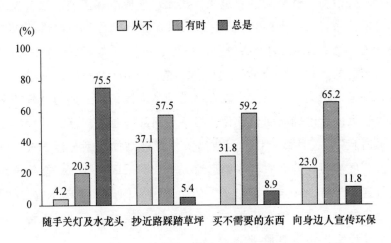

图3—2　受访者的日常行为表现

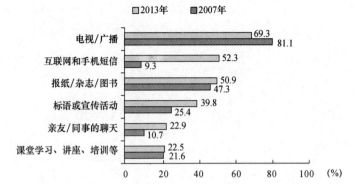

图3—3　获取生态文明建设信息的主要途径比较

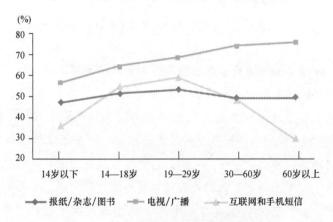

图3—4　不同年龄的受访者获取生态文明
建设信息渠道的前三位比较

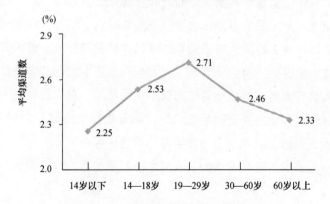

图3—5　不同年龄的受访者获取生态
文明建设信息渠道的广度比较

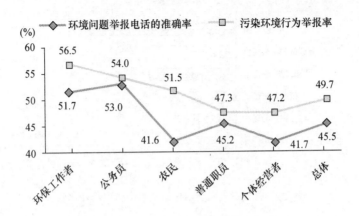

图3—6 不同职业者的环境法治意识比较

二 传播生态知识支撑文化与生态文明建设协同发展

生态知识是系统化、科学化、理性化的生态认识,从以生态的"具象"为主的生态认识发展到以生态"抽象"为主的生态知识。恩格斯指出,"自由不在于幻想中摆脱自然规律而独立,而在于认识这些规律,从而能够有计划地使自然规律为一定的目的服务。这无论对外部自然界的规律,或对支配人本身的肉体存在和精神存在的规律来说,都是一样的。这两类规律,我们最多只能在观念中而不能在现实中把它们互相分开"[1]。生态知识就是这些规律的主要表现形式。

生态知识主要包括六个方面的内容:社会、生态与人等完整的生态文明建设概念;对主要生态问题的清晰理解和对这些问题所内含的生态意蕴的自由表达;对人与生态辩证关系的认识,并促进形成一种人类行为的事前的环境影响评估;对商业贸易、工业生产、艺术创作、农业生产、政治活动和消费行为等人类活动对生态的影响的认知;对价值观是人类生态行为、改善生态环境的决定因素的认知;拥有进行生态抗争的知识和能力,包括法律、政治、消费主义的和生态文明建设等方面[2]。

生态意识的价值在于激发公众对生态问题的敏感性,而生态知识的价

---

[1] 《马克思恩格斯选集》第3卷,人民出版社1995年版,第455页。

[2] Harvey G. D., *Environmental Education:A Delineation of Substantive Structure*, Southern Illinois University, 1976:55–56.

值则是确保公众能够理性地维护生态权益和参与生态文明建设实践。生态知识可以克服生态意识的局限，是主体在参与生态文明建设中保持一种"清醒"的状态，避免不理性的生态事件发生。

兴起于 20 世纪 80 年代的邻避运动就是由生态意识主导的社会行为。公众只是出于对环境污染和生态破坏的担忧，而对工程项目建设秉持一种"欢迎建设，但请远离我家后院"的态度，通过大规模的社会运动阻止相关项目的建设。《纽约时报》把美国的 20 世纪 80 年代称作不折不扣的"邻避时代"，如 1980—1987 年，全美有 81 家企业申请建垃圾填埋场、核电厂等设施，最终只有 6 家完工。我国近年来邻避运动也开始大规模地出现，不仅在东南沿海城市频繁发生，中西部也时时出现；不仅大城市存在，小城市也不能幸免。我国的邻避运动开始呈现以抗议污染项目为核心，逐渐向其他公共项目扩散的趋势，引发了如"厦门 PX""大连福佳""什邡钼铜"等大规模的群体性事件。这些邻避事件在一定程度上维护了当地的生态环境和个体的生态权益，也对全社会的生态意识培育有积极的作用。但是用历史和发展的眼光分析的话，作为情绪宣泄的出口的邻避运动也时常会导致社会的公共利益受损。

2014 年 4 月 14 日，广东省化州市丽岗镇爆发了抗议政府建火葬场的生态抗争事件。此事件所针对的是化州市第一个殡仪馆项目。化州市人口总计 160 多万，但是却没有一个殡仪馆，该市的丧葬事务必须要到 130 公里外的茂名市进行。处在偏远地区的化州市民，通常要花费一天的时间往返。丽岗镇居民人口为 4.62 万人，但由于部分居民反对而被终止。这一项目的终止仅仅是出于恐惧和担忧，而不是对项目的科学的生态影响评估和理性的社会价值分析基础上。这起事件虽然维护了公众的生态知情权和参与权，但无疑对包括丽岗镇在内化州市居民的整体利益而言是减损的。

公众只有生态意识会使整个社会处于生态焦虑之中。在政府治理落后的背景下，每一次的环境抗争被赋予的道德正义的色彩，科学和理性的思考被公众的呼声所掩盖，生态环境对人类发展的价值无法得到充分发挥。因此，生态文明建设要在提高公民生态意识的同时要注重普及生态知识，推动公众理性地参与生态文明建设。

如果说生态意识的培育是一种情感训练，那么生态知识的培育就要依赖于国家完善的生态教育体系来实现。生态教育是人类为了实现可持续发展和创建生态文明建设社会的需要，而将生态文明建设的思想、理念、原理、原则与方法融入现代全民性教育的过程。生态教育有着极为丰富的内涵，涵盖各个教育层面，包括学校教育、社会教育、职业教育。发达国家的生态教育体系相对完备，有单独的国家立法作出规定，并设立专门的政府机构负责生态教育。美国在《国家环境教育法1990》中规定生态教育主要由政府环境部门主管，共建立了3个机构。一个是在环境署下设立的环境教育处，负责环境教育法中各项制度、措施和项目的运作。另外两个机构分别是环境教育咨询委员会以及联邦特别工作组，类似于政府的智囊团和监督机构。它们的职能是为政府的生态决策提供科学、全面、公开和权威性的咨询方案。

日本是世界上公认的生态教育最好的国家。日本生态教育的重点在于学校教育，将生态教育与各门课程、道德教育、课外活动等有机结合起来，贯穿于整个学校的教育活动中。日本学校生态教育分为三个阶段。第一阶段是形成学生对环境的丰富感知。这个阶段是让孩子通过与自然界亲近而获得直接体验，唤起儿童内心深处对于自然的敬畏感和亲近感，形成儿童的环保意识。第二阶段是加深学生对环境的理解。青少年通过直接体验会产生关于自然、环境与人类生活关系的思考。这种体验有助于学生理解自然知识和社会知识，并将这些知识与环境问题结合起来。第三阶段是提高学生参与环境活动的积极性。日本环境教育多采取走出课堂，进入生活的形式，各个学校将校内活动延伸到家庭、社区，形成了网络化的生态教育体系[1]。日本形成了从儿童到成人的完整的生态教育，做到了生态教育从娃娃抓起，实现了生态意识和生态知识的同步培育。

他山之石，可以攻玉。我国的生态教育也要在唤起公众的生态意识的同时培养和提高公众的生态知识素养。我国的生态教育起步较晚，还处于初级阶段，远没有形成系统的生态教育体系。目前的生态教育还仅仅停留在碎片化的环境保护的宣传层面，生态教育还没有实现课程化，缺乏明确的教育的目标体系、知识结构体系、内容体系、评价体系、教师培训等方面的支撑。生态教育的进一步发展和完善要通过战略重点突破而带动整体

----

① 孔健祥林：《日本独特环保教育》，http://gongyi.ifeng.com/shehui/detail_ 2009_ 12/22/442231_ 0. shtml, 2009 - 12 - 22。

的生态教育发展。从发达国家的生态教育实践经验和社会主义建设的未来着眼，青少年的生态环境教育应当是我国生态教育的重点所在。我国有2.2亿青少年，广大青少年作为社会主义事业的建设者和接班人，承载着国家的未来和民族的希望，因此，改革生态教育的突破点的就应当置于青少年的生态教育之中①。创新青少年生态教育首先是要为其提供相应的制度保障。环保部门、教育部门要与财政、科技、团委、人大和政协等机构协同作用，制定青少年生态教育的专门法律规范，为青少年生态教育提供宏观引导和物质保障。教育部门要改革目前青少年集中于中高考内容的状态，将生态文明建设的相关内容课程化，纳入中小学课程设置之中。财政部门要联合教育部门、环保部门、发展与改革等部门将以往零散的环境保护宣传经费整合起来，设置"生态教育专项基金"，并按照自愿原则，积极吸纳社会资金。

其次，生态教育要注重实践，通过实践加强青少年直接的生态体验。这要求充分发挥现有生态文明建设教育基地的效用，实现理论知识的具体化，在生态知识予以实践之中。国家生态文明建设教育基地是具备一定的生态景观或教育资源，能够促进人与自然和谐价值观的形成，教育功能特别显著，经林业局、教育部、共青团中央命名的场所，主要是国家级自然保护区、国家森林公园、国际重要湿地和国家湿地公园、自然博物馆、野生动物园、树木园、植物园，或者具有一定代表意义、一定知名度和影响力的风景名胜区以及重要林区、沙区、古树名木园、湿地、野生动物救护繁育单位、鸟类观测站和学校、青少年教育活动基地、文化场馆（设施）等②。国家生态文明建设教育基地评选自2009年启动以来，至今已经开展了三届，每届授予十个单位"国家生态文明建设教育基地"称号。依托生态文明建设教育基地，将生态知识生动形象地进行传授，培育青少年的生态知识素养，将生态文明建设的理念融入其日常行为。

此外，大数据不仅改变了人们的工作和生活方式，关键还在于彻底改变人们的思维和知识形态。因此在大数据时代背景下，生态知识的培育传

---

① 李军：《生态文明建设要靠教育"奠基"》，《中国环境报》2014年3月17日。

② 《国家生态文明建设教育基地管理办法》，《中国绿色时报》，http：//www. greentimes. com/green/news/lyyf/zcfg/content/2009 - 04/20/content_ 43208. htm，2009 - 04 - 20。

播要改变与以往所不同的方式，充分与网络传播规律相契合，充分利用微信、微博等网络新媒体的传播方式，结合报纸、广播、电视等传统媒体，打造多元化的生态知识传播网络体系。

三 倡导生态化思维掌控文化与生态文明建设协同发展

思维是主体对外在的客观事物及其关系的模式化认识，是文化建设成熟的标志。思维的类型通常是由思维的对象、思维的具体样式和思维的客观环境所决定的，即思维什么、如何思维和思维场域。思维作为理性认识的一部分，是人的实践活动的指导理念。按当代社会发展理论划分，人类发展应当有三种类型的思维与之相伴，即农业文明思维、工业文明思维和生态文明思维。

工业文明思维是建立在近代自然科学基础之上，特别是物理学、化学的发展基础之上，虽然比农业文明思维具有科学性和合理性，但是却是以经典力学式的方式去解读人类社会和自然界，将科学神圣化、绝对化，把世界的一切固定化、程式化、简单化、还原化或原子化。这种思维将人与自然的关系主客二分对立，是一种片面的、静止的、机械的思维，是典型的形而上学。马克思曾指出，工业文明时期的西方世界虽然也有辩证法的卓越代表（例如笛卡儿和斯宾诺莎），但是（特别由于英国的影响）却日益陷入所谓形而上学的思维①。这种思维使得自然成为资本增值的"奴仆"，资本主义社会无限度地攫取自然资源，对生态环境造成了极大的破坏，产生了人类历史上最大规模的生态灾难。由此可见，思维对生态的影响至关重大，生态文明建设离不开生态化思维，要从工业文明的反生态化思维向注重人与自然和谐发展的生态化思维转向。

生态化思维就是要把自然生态正确地纳入思维的对象领域，在认知模式上实现从形而上学到辩证统一的转变。生态化思维要克服传统的人与自然主客观二元对立的思维，将人类社会与自然环境作为平等的整个的生态系统中子系统，人类不能凌驾于大自然之上。生态化思维还要摒弃以往二元对立的分割的认知模式，从线性的、封闭的、对立的"人类中心主义"转向系统的、整体的、和谐的"生态本位"的认知模式，认识到人—社

---

① 《马克思恩格斯选集》第3卷，人民出版社2012年版，第789页。

会—自然三者均是整个生态系统的有机组成部分。正如恩格斯在《自然辩证法》中指出的那样，人始终是大自然的一个组成部分，不可将自然作为臣服于"奴仆"，不可以对自然进行肆意的宰割①。

生态化思维的核心是确立马克思主义的实践辩证观。马克思在对欧洲资本主义社会生产方式批判的基础上提出了人与自然在实践的基础上对立统一的思想。马克思从人的实践活动出发去思考人与外部世界的关系，认为人与自然是有机统一的，人与自然通过人类的实践活动而发生关系。一方面，自然是人类实践活动的前提条件和物质基础，人同其他生物一样都赖以"无机自然界来生活"，而且由于人比其他生物具有能动性，所以"人赖以生活的那个无机自然界的范围也就越广阔"。所有的植物、动物和无机物，都不仅在理论上构成了人的"精神的无机自然界"，而且在实践上构成了人的生活及人的存在的一部分②。另一方面，人的劳动是人与自然关系的源头和中介。马克思认为作为人的外部世界的自然界是通过人的劳动，人的实践而生成的，在资本主义社会就表现为通过工业而生成，"工业的历史和工业的已经生成的对象性的存在，是一本打开了的关于人的本质力量的书，是感性地摆在我们面前的人的心理学"③。马克思进一步指出，人在人与自然的关系中具有主体性和创造性，"通过实践创造一个兑现世界，改造无机的自然界，这是人作为有意识的类存在物……的自我确证"④。同时，马克思和恩格斯都指出人始终是大自然的一部分，不能毫无节制地开发自然资源，试图去征服自然，把自然当作可以为人类任意宰割的对象，要合理、有度地利用自然。合理地利用自然就是要实现"人与自然的和解"，而这就需要改变资本主义社会制度，只有实现社会主义，方可克服资本所有私有制带来的生态危机。

倡导生态化思维时还应充分吸收我国的传统文化，尤其是中国哲学中的"天人合一"思想和"和"思想，反对生态化思维必须要与西方国家相一致的"文化殖民"心态。中华文化积淀着中华民族最深沉的精神追

---

① 《马克思恩格斯文集》第9卷，人民出版社2009年版，第559页。

② 刘湘溶：《我国生态文明建设发展战略研究》，人民出版社2013年版，第101页。

③ 杨学功：《传统本体论哲学批判——对马克思哲学变革实质的一种理解》，人民出版社2011年版，第256页。

④ 《1844年经济学哲学手稿》，人民出版社2000年版，第50页。

求，是使中华民族生生不息、发展壮大的丰厚滋养。此外，以儒家为核心的中国传统文化历来注重"天下"的思维，富有"世界胸怀"。

"天人合一"思想虽然其中包括了天人感应、君权神授的色彩，但是其中的"天"也包括自然之天的意蕴。在"自然之天"的层面，"天人合一"思想就是一种朴素的人与自然和谐共生的生态化思维理念。比如在汉族生活的北方就有"山坡是主，人为客"的观念。在南方，洗澡在苗语中是用"到水中做客"进行表达。

历史唯物主义认为社会存在决定社会意识，但是社会意识具有独立性和超前性。正是因为社会意识的独立性和超前性，才有了传承千年的经典思想，才有了对人类发展正确预判的可能性。"天人合一"思想是汉民族在农业文明时期的产物，而人类历史上大规模的生态危机和生态灾难是工业文明所导致的，有学者因此就否定"天人合一"思想对生态文明建设的价值。正如马克思虽然身处资本主义社会，却科学地指出了社会主义是实现人类自由全面发展的唯一出路。因此，那种认为"天人合一"思想是农业文明时期的朴素的、乌托邦式的思想，否定其对生态文明建设价值的论调是不能成立的。

历史上的思想理念是前人生存智慧的结晶，经历时间的涤荡和后人的筛查，能够流传后世的自然是富含正能量的精华所在，是人类社会永续发展的不竭动力和精神支柱。只不过是传统文化也有"显性"和"隐性"之分。无论是西方还是东方的工业文明和农业文明，人与人、人与社会的关系是社会发展的主要内容，自然与此相关的传统文化一直保持"显性"的思想状态。如在工业文明时期，公平、正义、法治等早在农业文明提出的思想观念由于契合了工业社会发展的主题而被奉为经典。而在工业文明主导的现代型社会中，人与自然关系并不是社会的主要关注点，因此与此相关的传统文化处于一种"隐性"的状态。随着生产力发展，人与自然的矛盾开始显现，环境污染和生态破坏开始严重威胁人类的永续发展。自然不再对人类构成巨大威胁，人与生态的关系的思想自然开始成为"显性"的社会主题。"天人合一"思想是古代先贤对人与自然关系的智慧结晶，经过历史"否定之否定"的锤炼，必然被"激活"而成为"显性"思想，助力生态文明建设，也会对世界范围内生态危机的化解提供积极的理念指导。

"和"是中国传统思维的另一个特色，是一种辩证的思维。张载对传统儒家的"和"辩证法规律概括最为经典，即"有象斯有对，对必反其为；有反斯有仇，仇必和而解"。所谓"象"就是世界上的万事万物。只要有象，必定有一个东西和它相对，而相对的事物，其行为方式必然是相反的；相反的行为方式免不了有矛盾、有挫折、有斗争，但最后一定要"和"，不能让矛盾冲突扩大，而且还要和谐共生。这与马克思主义的辩证法具有相同之处，尤其是前三句，但是"仇必和而解"就与西方的主客体二分以及传统的马克思主义有所差别。

主客体二分的西方社会基本的思维，是工业文明社会的认识论。文艺复兴和启蒙运动把人从神学束缚之中解放出来，人被重新发现，人成为唯一具有理性、能动性、创造性的存在，因此，人是世间唯一的主体（subject）。一切自然物都只是没有理性的客观存在（object）。这种思想解放开创了主体性的时代，具有历史的进步性，但是将人与自然截然对立起来会促使一种极端的思想产生，即人类中心主义，如康德的"人为自然立法"、培根的"知识就是力量"等对自然进攻性的思想。脱胎于近代科技理性的马克思主义在一定程度上延续了传统的主客体二分的思想，尤其是当马克思主义成为社会主义运动的指导思想，成为意识形态斗争的武器的时候，马克思主义的辩证法往往就容易突出对立的一面。矛盾斗争是绝对的、无条件的，"统一"是相对的、有条件的，会把矛盾斗争放在第一位。按照冯友兰先生的说法，张载的第四句按照传统的马克思主义可能会演变为"仇必仇到底"。由此可见，"和"思维是中国哲学的独特之处，即强调"和"，强调人与人、人与自然要和解而非对抗，始终把统一放在第一位，认为一个社会的正常状态是"和"，宇宙的正常状态也是"和"。这不仅仅是理论上的差别，在实践中也具有重要意义。在新中国成立初期，社会主义建设在人与自然的关系上秉承"与天斗与地斗"的斗争哲学，忽视了传统文化中的"和"思维，结果导致了环境的严重污染和生态的极大破坏。

传统文化是民族的灵魂、根基，因此，当下中国社会的思维生态化转型必然要吸收传统文化中的生态思想，做到"推陈出新"而不是舍弃传统全盘西化地"破旧立新"。

第四节　社会与生态文明建设的协同发展

社会文明建设是以最广大人民的根本利益为出发点，以改善民生为核心，在党的领导下，通过制度机制构建，实现社会的科学发展和人民福祉的有效提高。实现社会与生态文明建设的协同发展就是将生态文明建设的理念融入改善民生、提高人民福祉和加强社会组织建设等具体社会建设之中，为生态文明建设提供一个安定、和谐、良好的社会环境。党的十八大指出，要在改善民生和创新管理中加强社会建设①。因此，社会与生态文明建设协同发展主要围绕着这两个领域展开。改善民生在实践中主要是指生态民生项目建设和生态化人口生产，而创新社会管理就是生态化社会组织建设（环保 NGO）。

社会建设的核心内容是改善民生，因此，社会与生态文明建设协同发展的核心也就是生态民生建设。正如习近平总书记提出的"良好生态环境是最公平的公共产品，是最普惠的民生福祉"论断②。生态民生建设在现实中主要表现为具体的生态民生项目建设和生态化人口生产。生态民生项目是生态民生建设最为直观的体现，而人的全面发展则是生态民生最为本质的要求。因为生态民生项目的建设也是围绕人的全面发展设计的，所以生态化人口生产是生态民生建设的内在要求。

创新社会管理在生态文明建设中表现为推动公众的生态参与，形成多元主体参与共治的生态文明建设格局。生态化社会组织建设是社会与生态文明建设协同发展在创新社会管理层面的主要关注点。将非政府生态组织建成政府和公众进行生态文明建设沟通的中介纽带，提供优质的生态公共服务，有效地反映公众的生态诉求，正确地诠释国家的生态文明建设策略，监督和引导企业、公众的生产、生活行为，充分发挥其在生态文明建设中的"第三方力量"，成为生态文明建设的中流砥柱。

---

①　胡锦涛：《坚定不移沿着中国特色社会主义道路前进　为全面建成小康社会而奋斗——在中国共产党第十八次全国代表大会上的报告》，http：//www.xj.xinhuanet.com/2012 - 11/19/c_113722546.htm，2012 - 11 - 19。

②　《让良好生态环境成为最普惠的民生福祉》，《瞭望》，http：//news.xinhuanet.com/politics/2013 - 04/22/c_ 115486675.htm，2013 - 04 - 12。

一 实施生态民生项目建设推进社会与生态文明建设协同发展

习近平总书记提出，"良好生态环境是最公开的公共产品，是最普惠的民生福祉"的论断意指公众对良好的生态环境诉求是最为基本的民生需求。具有整体性、非排他性的生态环境是公认最为公平的公共产品，能够满足社会成员共同的生态需求。良好的生态环境是实现人类生存和发展最基本的客观条件，不仅能够提供人生存所必需资源，而且能够保证是可靠、安全的生态资源供给。《2012 年中国人权事业的进展》白皮书提出，要保障和提高公民享有清洁的生活环境及良好生态环境的权益①。良好的生态环境成为重要的民生权益。

民生工程是社会主义发展和保障民生最为直接的体现，是国家为了提高公众的生活水平，保障公众的基本权益而采取的一系列积极政策举措。民生工程建设的重点通常包括扶贫解困、医疗卫生、就业促进、教育助学、社会保障、百姓安居、基础设施、环境提升、文化体育、社会管理等。

由于新中国成立伊始经济发展水平较低，扶贫解困一直是民生工程建设的重点。1978 年全国人均年收入 133.6 元，按照当时的贫困划分标准，当年的贫困人口超过 2.5 亿人，贫困发生率（head countratio，指贫困人口占全部总人口的比例，它反映地区贫困的广度）为 30.7%②。全国有三成的人口的生活状态处于贫困线以下，而当时人口的 80% 分布在农村，整个农村人口基本都处在贫困线上下的状态。而且我国的贫困线还远低于国际标准③，如果按照国家标准进行划分，贫困状态还会更为严重。恩格尔系数是另一个反映国家富裕程度指数，我国在 1978 年为 57.5%。联合国根据恩格尔系数的大小，对世界各国的生活水平有一个划分标准，即一个国家平均家庭恩格尔系数大于 60% 为贫穷；50%—60% 为温饱；

---

① 中华人民共和国国务院新闻办公室：《2012 年中国人权事业的进展（全文）》，http://news.xinhuanet.com/politics/2013-05/14/c_115758619_5.htm，2013-05-14。

② 中国国务院扶贫开发领导小组办公室：《中国扶贫开发报告》，http://news.xinhuanet.com/newscenter/2007-10/17/content_6896289.htm，2007-10-17。

③ 《温家宝：扶贫标准补贴标准提高到 2300 元》，http://www.chinanews.com/gn/2013/03-05/4615399.shtml，2013-03-05。

40%—50% 为小康；30%—40% 属于相对富裕；20%—30% 为富足；20%
以下为极其富裕。接近 60% 的恩格尔系数表明当时我国处于贫穷状态，
整个国家处于温饱线的边缘。因而，温饱问题成为第一位的人权问题和最
为迫切的民生问题，成为改革开放之后社会主义事业建设最为关切的问
题。在这种背景下，民生项目建设最为重要的就是扶贫开发，而生态文明
建设自然难以成为民生建设的主题。

经过改革开放以来高速的经济增长，2002 年，贫困人口发生率下降
至 28.4%，首次低于 30.7% 的世界贫困人口发生率。到 2013 年，贫困人
口发生率进一步下降到 5.0%，已经远远低于世界水平（2010 年为
20.58%），已经基本消除了绝对贫困①。2013 年，我国的恩格尔系数为
37.9%，也昭示着已经从温饱国家走向了相对富裕国家行列，基本实现了
小康社会。小康社会的实现意味着温饱问题将不再是社会最为关切的问
题，社会建设的中心将会转移到实现个体的自由全面发展上。因此，生态
工程等以人的全面发展为指向的民生工程应当逐步成为民生建设的重点。
但是由于传统发展观的作用局限和社会转型时期社会治理的需要，在基本
解决贫困问题之后，民生建设的重点落于住房保障、医疗、就业等方面。
十八大报告中指出，社会建设的重点是要"解决好人民最关心最直接最
现实的利益问题，在学有所教、劳有所得、病有所医、老有所养、住有所
居上持续取得新进展，努力让人民过上更好生活"②。由于十八大报告等
"顶层设计"文件中对民生工程中的生态文明建设关注不够导致在各个地
方的民生建设中生态民生工程建设的比重依然极低，如在《安徽省民生
发展"十二五"规划》所圈定的八大重点民生建设工程中就不存在生态
民生工程建设：公共教育、就业服务、社会保障、医疗民生、住房保障、
文化惠民、基础设施以及其他③。

---

① 胡鞍钢：《中国减贫成功的世界意义》，http://news. xinhuanet. com/politics/2014 – 10/
17/c_ 127109108. htm，2014 – 10 – 17。

② 胡锦涛：《坚定不移沿着中国特色社会主义道路前进　为全面建成小康社会而奋斗——在
中国共产党第十八次全国代表大会上的报告》，http://www. xj. xinhuanet. com/2012 – 11/19/c_
113722546. htm，2012 – 11 – 19。

③ 《安徽省人民政府关于印发安徽省民生工程"十二五"规划的通知》，http://
www. ah. gov. cn/UserData/Doc Html/1/2013/7/12/5417873423217. html，2011 – 12 – 19。

对生态民生项目建设较为重视的区域是"生态立省"等生态文明建设示范地区，如一直就强调"生态立省"的海南省。《海南省2008—2012年重点民生项目发展规划》中将生态民生项目建设作为七个重点民生项目之一（民生项目主要包括教育工程、就业工程、公共卫生及基本医疗体系建设工程、社会保障工程、住房保障工程、农民增收工程、生态文明建设工程等），具体包括中部山区生态补偿机制建设、海防林建设、城镇生活垃圾污水处理设施建设、农村饮水安全保障、农村沼气建设五项内容①。但是这些生态民生工程也并不能满足社会发展所带来的人民生态需求，诸多与公众日常生活息息相关的生态内容并未纳入生态民生工程的范畴，如城市细颗粒物（PM2.5）污染控制、流域污染整治和生态保护、城镇饮用水源保护区环境保护与生态文明建设、农村生活污染治理、近岸海域生态保护与恢复、山区生物多样性保护、废弃矿区的生态修复等环境资源保护问题。

纵观民生工程建设的"顶层设计"和"地方实践"，生态民生项目建设在我国民生工程建设中的关注严重不足，民生工程建设并没有将生态文明建设融入其中，生态文明建设也未成为民生建设的统领。为此，建议在未来的重点民生项目建设中扩大生态文明建设的范围，尤其是像城市细颗粒物（PM2.5）污染防治、饮用水源保护区等与公众生活密切相关的生态项目纳入其中。

首先，"顶层设计"应突出生态民生建设。如前所述，中国共产党是社会主义事业建设的领导核心，党的意志是社会主义事业建设的行动指南。从法政惯例出发，中国共产党全国代表大会通过的政治报告通常是一个时期社会主义建设的行动纲领，在党的政治报告中出现的内容往往会获得较大程度的重视，或上升为国家意志，或者成为具体的发展方针。但是十八大报告中并未出现生态民生的具体内容，这会影响一个时期的生态民生项目建设。因此，建议在十九大的政治报告中适当涉及生态民生的相关内容。生态民生的"顶层设计"也可以在党的全会或者国务院相关会议公报中体现，尤其是国务院政府工作报告。

其次，要编制中央—地方相统一的民生项目发展规划，将生态民生建

① 《海南省2008—2012年重点民生项目发展规划》，http：//www.hainan.gov.cn/data/news/2009/11/89475/，2009-11-10。

设作为重点民生建设工程。如把重点工业企业大气污染综合治理、城市扬尘和餐饮油烟污染整治工程，淘汰"黄标车"和油品品质提升工程；流域污染防治工程；湖泊生态保护工程；城镇饮用水源保护区环境保护与生态文明建设工程；农村生活污染治理工程；重要物种和生态系统的保护与恢复工程、废弃矿区的生态修复等具体环境资源保护工程纳入规划中①。

二　坚持生态化人口生产稳固社会与生态文明建设协同发展

马克思主义认为社会生产有两种，即物质资料生产和人类自身生产。"生产本身有两种。一方面是生活资料即事物、衣服、住房以及为此所必需的工具的生产；另一方面是人自身的生产，即种的繁殖。"② 两种生产的对立统一是人类社会存在和发展的前提。马克思认为社会发展决定于生产方式，人口生产不是社会发展的主导力量，人口增长不能说明社会面貌和社会制度变革的原因，但人口生产对社会发展有促进和延缓的作用。人类社会是这两种生产方式相统一作用的结果，人口的生产对社会的发展有重要的影响作用。合理的人口生产对社会发展有积极的促进作用，有助于实现社会的可持续发展。反之，失衡的人口生产必然会成为社会动荡的根源，不可能实现健康、可持续的社会发展。根据马克思主义的两种生产理论，良好的社会发展应当是两种生产的协调发展，人口生产要为社会的科学发展提供生态型人口支撑体系。因此，生态文明建设必须要有生态化人口生产模式相支撑。

生态化人口生产是生态文明建设融入人口生产的体现，是指人口生产要契合生态文明建设的基本要求。人口生产主要包括人口的规模和人口的结构两个方面。因此，生态化人口生产一方面是要从资源、环境约束均衡人口规模；另一方面要从社会经济发展的要求实现人口结构的优化。

1. 人口规模

人口对生态最直接的影响因素是人口规模。1971 年，加州伯克莱大学的能源分析学家埃利希和霍尔郡提出著名的环境影响公式：$I = P \cdot A \cdot T$。

---

① 《关于在重点民生项目中扩大生态文明建设范围的建议》，http://www.hainan.gov.cn/tiandata - rdjy - 5496. html，2014 - 05 - 08。

② 《马克思恩格斯文集》第 4 卷，人民出版社 2009 年版，第 15 页。

环境影响（I）等于人口（P）乘上人均财富（A）再乘以所用技术（T）。这其中人口与环境影响呈正相关关系，人口数越多，对环境的影响也就越大。20世纪90年代美国环境社会学家查尔斯·哈珀（Charles L. Harper）在综合前人观点的基础之上指出，至少有四种社会变量是资源环境变化的驱动力：（1）人口增长与规模；（2）制度安排及变迁，特别是有关政治经济和经济增长的；（3）文化、信仰和价值观；（4）技术创新。环境影响公式表明人口规模是环境影响的正相关变量。

新中国成立以来的人口生产证明了人口规模对社会发展的影响。新中国成立初期，由于数十年的战争严重地影响了我国的人口生产，无论是人口数量还是人口结构均不甚合理。在国民经济恢复时期，党和国家提倡生育，是有一定的合理性的，但是却并没有对"鼓励生育"的政策做科学的论证，而是"一放了之"。加之传统的"多子多福"观念的影响，在1949—1957年的8年间，人口净增1.05亿，出现了"第一次人口生育高峰"。马寅初在1957年发表了的《新人口论》，分析了人口增长对社会发展的影响，主张控制人口数量、提高人口质量。但是这一正确主张，却在"反右"和"文革"中受到了错误的批判而被搁置，控制人口主张被尘封在了历史记忆之中，导致人口无限制的增长。到20世纪70年代，全国人口从1949年的5.42亿增长到了8亿，人口的急剧增长开始产生了严重的社会问题和生态问题。人口控制的思想开始为领导层接受，中央政府开始在全国范围内发出了实行计划生育的号召，并制定和完善了明确的计划生育政策，使人口高出生、高增长的势头得到迅速控制，人口生产由无计划自发的高增长进入了有计划可控制的增长时期。但是由于人口基数过大，1971—1980年，全国总人口由8.52亿增加到9.87亿，净增1.35亿，超过了第一次生育高峰时期的净增人口。直到1998年人口自然增长率首次降到10‰以下，从2000年开始，年净增人口低于1000万，人口进入平稳增长阶段，但是第六次人口普查显示全国总人口已经达到13亿[①]。

庞大的人口数量要消耗极大的资源，加之生产方式还处于"高投入、高消耗、低产出"的粗放式发展阶段，两者叠加产生了前所未有的生态

---

① 国务院第六次全国人口普查办公室、国家统计局统计资料管理中心：《第六次全国人口普查汇总数据》，http://www.stats.gov.cn/tjsj/pcsj/rkpc/6rp/indexch.htm，2012 - 07 - 23。

破坏和环境污染。环境污染和生态破坏又反作用于人类自身的繁衍。2012
年北京大学的朱彤教授在《美国国家科学院刊》上发表论文，认为污染
物造成婴儿的神经管缺陷。在对山西省 4 个县的 80 名先天神经管缺陷婴
儿进行调查研究后发现，这些病理婴儿的母亲胎盘内含有远高出正常水平
的污染物，主要来源是 DDT、六氯环己烷（俗称六六六）、硫丹等杀虫
剂，以及煤炭燃烧产生的多环芳烃[1]。2013 年北京大学陈玉宇教授与清华
大学经济管理学院教授李宏彬教授、以色列希伯来大学的 Ebenstein 教授
和美国麻省理工大学的 Greenston 教授的合作研究中发现，长期暴露于污
染空气中，总悬浮颗粒物（TSP）每上升 100um/立方米，人的平均预期
寿命将缩短 3 年。按照北方地区总悬浮颗粒物的水平，意味着中国北方 5
亿居民因严重的空气污染平均每人失去 5 年寿命，污染的代价巨大[2]。

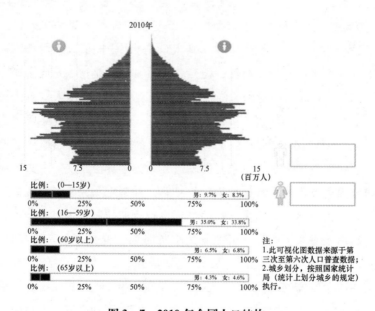

图 3—7 2010 年全国人口结构

资料来源：国家统计局。

---

① 游识猷：《人口失控，环境逆袭》，http：//songshuhui. net/archives/65555，2012 - 03 -
27。

② 陈玉宇：《中国的空气污染可能使北方人少活五年》，http：//www. gsm. pku. edu. cn/in-
dex/portal_ index_ portal_ page_ 6. html? clipperUrl = 70/46018. ghtm，2013 - 07 - 09。

2. 人口结构

我国的人口生产一方面面临着巨大的人口数量的压力；另一方面又出现了人口结构的失衡，这两个方面的问题在西方发达国家是在不同时间出现的，而在我国同一个时期叠加出现的，是一种"复合型"的人口问题。

人口结构问题首先表现为人口年龄结构将急剧"少子老龄化"。2010年第六次人口普查结果表明，60 岁以上人口已经达到 1.78 亿，占总人口的 13.26%，成为世界上唯一老年人口超过 1 亿的国家，且老龄化速度不断加快（见图 3—7）。据联合国预测，在总和生育率（指一个国家或地区的妇女在育龄期间，每个妇女平均的生育子女数）保持 1.8 不变的情况下，2050 年 65 岁及以上的老年人口比例将占到 26.0%，0—14 岁人口比例下降至 13.5%；如果总和生育率保持在 1.3，2050 年时老年人口比例将高达 27.8%，而 0—14 岁人口比例将降至 9.1%。而劳动力人口的高峰将出现在 2020 年前后，届时劳动力人口将达到 9.89 亿，随后即迅速下降。如果总和生育率保持在 1.8 左右，2050 年劳动力人口为 7.9 亿，2100 年为 5.26 亿；如果总和生育率是 1.3 左右，2050 年劳动力人口为 6.96 亿，2100 年仅为 2.58 亿，劳动力人口比重也将迅速下降[1]。按照联合国的计算标准，我国未来人口结构将会是一种缩减型结构：塔顶宽，塔底窄。这种人口结构的社会由于单纯的消费群体占据较大的比重，而直接的生产者数量缩减，就会导致社会的生产成本增加，青壮年的社会压力巨大，严重影响社会的活力和可持续发展能力。

与同为人口大国的印度相比，我国的人口生产问题显得更为突出。一方面印度预计在 2020 年才会进入老龄社会，按照目前的增长速度测算2020 年 65 岁以上的人口比例会超过 7%。而我国在 2000 年就达到这一水平，预计到 2050 年我国老龄化比例将超过 25%，而同时期的印度老龄化比例仅为 14%，同时其少年儿童的比例高于老年人口，人口结构属于健康的金字塔结构，而我国则会使结构失衡的倒金字塔结构。

人口生产是生态文明建设事业最不可或缺的要素。没有人的可持续发展社会的可持续发展就会化为乌有。实现生态化人口生产首先是要转变人

---

[1]　李建新：《未来我国人口竞争力恐落后于印度》，http：//www.cssn.cn/gx/gx_ gxms/ 201411/t20141127_ 1419199. shtml，2014 – 11 – 27。

口决策理念。人口生产的顶层设计要将人口生产置于一个历史的视野内考量，往往要以百年为单位进行分析，切不可基于短期的利益考虑就做出人口政策。而且人口决策不能仅仅关注人口数量，更要对人口结构（地域、性别、年龄等）予以较多的考量。其次，要对人口政策作出相应调整，重点是国家要出台相应的政策鼓励生育。从 2013 年开始的"单独二孩"政策虽然试图去解决人口结构失衡的问题，但是国家卫生和计划生育委员会在政策实施 1 年之后公布的数据显示，全国"单独二孩"的实际申请量仅为 70 万，远远少于预期每年约 200 万对夫妻申请。这其中最为主要的因素就是作为育龄妇女主力"80 后""90 后"出于经济成本和生育质量的考虑会慎重地选择生育行为。尤其是高学历女性通常第一胎生育年龄就在 30 岁左右，母体的身体状况和抚养质量等方面会对其二胎的生育行为产生重要影响。这就导致了虽然在政策出台之前的社会调查有 50%—60% 的二胎生育意愿，但现实生育率却是极低。

实现生态化人口生产当务之急应当是从"单独二孩"转向全面放开二胎生育政策，以此解决人口结构出现的诸多问题。我国大约自 20 世纪 80 年代中后期进入人口红利期，伴随着时间的推移，人口红利由少到多，也就是说人口红利逐渐增多，2013 年前后处在人口红利最为丰厚的时期，此后人口红利逐渐减少，大约在 2030 年前后将完全消失，进入人口盈亏平衡时期，但历时很短，大概在 21 世纪 30 年代中后期进入人口负债时期。不敢放开二胎主要就是担忧出现人口的激增，但是这只是一种"善意的忧愁"，并没有充足的实证材料支撑。现实相反的证明了，实现普遍的二胎政策的不仅不会导致人口的激增，而且还会促进人口结构的优化。1985 年 7 月，经国家计划生育委员会和山西省委、省政府批准，翼城县开始在农村实行"晚婚晚育加间隔"可生育二胎的政策，核心内容是对于农民家庭，要求女性在不早于 24 岁生育第一胎，30 岁可以生育第二胎，严格限制第三胎。在实行这一政策的数十年间，翼城县的人口增长率低于全国水平，各项人口指标也优于全国平均水平。在 1982—2000 年的两次人口普查期间，全国人口增长了 25.5%，而翼城县放开二胎却仅增长了 20.7%。人口结构最具有代表性的指标是出生性别比，2000 年全国的出生性别比为 117.8，翼城则为 106.1①。在 2010 年第六次人口普查中，全国人口的出生性别比为 105.20 的超常状态，而翼城为 100.01②，接近于最平衡状态。翼城用近三十年的特殊二胎政策实施效果表明了放开二胎不会导致人口暴涨，反而有助于人口结构的自我调整和优化。

人口政策关乎国家的未来，民族的未来，人类的未来，因此人口政策的调整必须着眼于未来。党的十八届三中全会决议提到"逐步调整完善生育政策，促进人口长期均衡发展"。

三　发展生态化社会组织助力社会与生态文明建设协同发展

现代国家治理认为政府并不是现代国家治理的唯一权力中心，社会公共机构和行为者应当成为公共事务的治理主体。从社会契约论的角度看，现代国家治理要"还权于民"，国家权力向社会的回归，将以往国家垄断的治理权力下放到社会。各种公共和私人机构只要其行使的权力得到了公众的认可，就都可能成为在各个不同层面上的权力中心。哈贝马斯认为，现代国家是基于协商民主制运行的，而协商民主在当代表现为"双轨制"，即由社会组织为主体的"非正式的意见形成"和传统官僚制"民主的制度化的意见形成"两者之间的有效互动，社会的非正式协商形式在现代国家中呈现越来越重要的作用。由此，在现代国家治理体系中政府之外的力量被更多地关注，国家中心的地位为"政府—市场—社会之间的组合体"所取代，具有明显的"社会中心"取向，即公民社会组织是国家治理的重要力量。

在生态文明建设领域，经济学者认为市场是目前人类在经济生活领域进行资源配置最为有效的一种方式，这种"市场至上"的理念在生态文明建设领域的体现就是强调市场是化解目前生态治理失序的核心途径，具体方式包括开征资源税、明晰资源产权、进行排污权交易等。市场能够有效地进行生态文明建设的前提假设是生态文明建设领域存在市场经济所具

---

① 陈鸣：《翼城人口特区　一个县尘封 25 年的二胎试验》，http：//www．infzm．com/content/51194/，2010 - 10 - 01。

② 山西省统计局、山西省第六次人口普查领导小组办公室：《山西省人口普查资料》，中国统计出版社 2010 年版，第 2—7 页。

备的完全竞争性、产权制度、市场价格体系等，但是这些假设均在生态文明建设领域很难具备。因为生态产品是公共产品，而市场商品是私有产品。因此，市场难以成为有效治理生态的核心手段。政府进行生态文明建设是履行其公共服务职能的具体体现，但是，政府治理有其固有的弊端（分割治理、权力寻租、官僚治理成本极大等）并不能够与市场结合而覆盖生态文明建设的全部。因此，以社会组织为代表的社会力量就成为生态文明建设的重要主体和生力军，是政府和市场之外的第三方治理。

社会组织在生态文明建设方面的主要作用是弥补市场失灵和政府失灵的不足。第一，生态化社会组织是政府与公众沟通的桥梁。随着公众生态意识的觉醒和对民主参与的理念普及，公众或是基于自身生态权益的维护或是公共生态权益的保护均会积极主动地要求参与到公共生态文明建设之中。当公共参与的渠道不畅，公众进行生态权益维护处于一种无力（powerless）、无助（helpless）、无奈（hopeless）的境地时，生态群体性事件就容易发生。社会组织是社会的中间层，既能够实现个体诉求的组织化表达、为其提供群体性的支持，也能够有效地进行与公权力机构进行交流沟通，是政府与公众之间沟通的重要桥梁和社会矛盾的缓冲地带。台湾地区在20世纪50年代开始伴随着工业化的深化出现了严重的环境危机，以邻避运动为代表的环境抗争事件层出不穷。其后，台湾地区的环保组织应用社会科学方法，借助于社会媒体开展环境教育和环境宣传（如环境品质文教基金会从1995年开始定期发布环境痛苦指数[①]），普及环境科学知识，消弭仅仅是出于环境意识而发生的抗争事件。在环境组织的影响下，台湾地区公众"邻避情结"逐步疏解成为"迎臂效应"（yes in my back yard），抗争的消极态度为积极参与、营造家园的小区自觉运动，并且与工厂维持伙伴关系。

第二，生态化社会组织具有专业化的优势，有助于提高公共决策的科学性。生态化社会组织往往在生态文明建设专业方面具有优势，而且也不存在政府治理的部门利益局限，还会凝聚组织之外的社会公众参与其中，在确保公共生态文明建设决策民主性的同时，确保决策的科学性。2014

---

① 丘昌泰、汪韬、冯洁：《台湾环保运动如何从"街头闹"到"房间谈"》，http：//www.infzm.com/content/83318，2012-11-29。

年全国政协十二届二次会议期间，生态化社会组织重庆两江志愿服务发展中心、北京市企业家环保基金会（"SEE 基金会"）提出了《关于全面公开地表水环境质量信息的提案》。提案指出，目前我国地表水环境质量数据由环保部门独家公布，依照地表水环境质量标准为 24 项，而大多数地方环保部门仅用其中 4—5 项做评价，导致评价结果与实际结果严重不符，此类数据的发布会给相关决策部门和公众严重的误导。因此，提案建议基于保护公众健康、维护公众环境权益的需要，环境保护主管部门应建立统一机制，推进地表水环境质量信息全面公开。这就是生态化社会组织运用自己的专业知识，并与丰富的一线环保经验相结合，通过政协委员或者其他参政议政的途径影响国家的生态文明建设决策的例证[①]。

第三，生态化社会组织能够对政府和企业的行为展开独立的监督。生态化社会组织是独立于政府和市场的第三方主体，与两者都不存在利益关系，这一方面可以避免对政府行为的政府自身监督没有独立性的"失灵"的局面，也可以避免由于地方政府和生产企业基于利益关系而放弃监督的情形。以环保部 2010 年公布的重污染产业为依据的一项研究显示，大型企业有强大的动力去规避污染排放信息的披露，可能与环保局和地方政府共谋，违反中央政府的节能减排政策，阻碍环境透明政策的实施[②]。而社会组织由于具有专门知识和技能，更具有积极从事生态事业的理想信念，能够对政府的生态行政行为和企业的生产行为进行积极的监督。公众环境研究中心研发出一款手机客户端——环境污染地图，与网络的环境污染地图同步，只要公众下载这一客户端就可以将当地的企业污染信息上传和实时查看，也可以为环境执法部门提供有力的执法依据。公众环境研究中心定期发布生产企业的绿色生产指数和供应链的绿色指数，通过与金融机构合作来推动绿色证券、绿色信贷以及企业的绿色供应链的实现[③]。

1978 年 5 月，中国环境科学学会作为政府发起的我国第一家生态化

①　张木兰：《环保组织助推提案进两会》，http：//www. gongyishibao. com/html/yaowen/6205. html，2014 - 03 - 12。

②　Lorentzen. P. Landry, et al.，"Undermining authoritarian innovation：The power of China's industrial giants"，*The Journal of Politics* 2014（1），182 - 194。

③　公众环境研究中心：《绿色选择倡议》，http：//www. ipe. org. cn/index. aspx，2008 - 10 - 01。

社会组织成立。生态化社会组织的大规模成立在 1992 年里约热内卢地球峰会之后，第一家民间生态化社会组织是 1993 年创立的自然之友。生态化社会组织主要有四种类型：一是由政府部门发起成立的环保民间组织，代表性的有中华环保联合会、中华环保基金会、中国环境文化促进会，各地环境科学学会、环保产业协会、野生动物保护协会等；二是由民间自发组成的环保民间组织，如自然之友、地球村，以及其他以非营利方式从事环保活动的民间机构等；三是学生环保社团及其联合体，包括学校内部的环保社团、多个学校环保社团联合体等；四是国际环保民间组织驻华机构，如世界自然基金会（WWF）、绿色和平组织（Green Peace）、世界自然保护联盟（IUCN）、美国环境保护协会（Environmental Defense）、大自然保护协会（Nature Conservancy）①。

生态化社会组织的发展趋势良好，组织数量和从业人员以年均10%—15% 左右的速度递增，尤其是高校、社区和农村地区的社会组织迅速发展。目前，生态化社会组织已经形成了一个完整的系统体系，在倡导环境保护，提高全社会环境意识；开展社会监督，为国家环境事业建议献策；扶贫解困，推动发展绿色经济；关注弱势群体，维护社会公众的环境权益；保护生物多样性，为子孙后代留下更大的发展空间等方面发挥了积极作用，成为推动生态文明建设事业发展与进步的重要力量。

但生态化社会组织的发展也面临着诸多问题。其一，生态化社会组织和其他社会组织一样面临注册难的问题。除去由国家发起设立的生态组织，真正的民间草根社会组织和境外生态组织在社团登记政策方面面临极大的困难。据中国社会组织网显示，目前正式在中国登记注册的境外基金会（含中国香港和中国台湾地区）仅二十几家。生态化社会组织在各级民政部门正式注册登记率较低，仅为 23.3%；有 63.9% 的在单位内部登记（学生环保社团在学校登记）或在工商注册为民办非企业；仍有部分组织未办理任何注册登记手续②。其二，资金来源困难，对外依存度较高，存在潜在风险。生态化社会组织资金最主要的来源是会费；其次是组

---

① 环保部：《中华环保联合会成立一周年献礼——我国首次环保 NGO 调查揭晓》，http://www.mep.gov.cn/hjyw/200604/t20060422_76073.htm，2006 - 04 - 22。

② 同上。

织成员和企业捐赠、政府及主管单位拨款（见表 3—8）。据调查，目前
76.1% 的生态化社会组织没有固定的经费来源。其中不同类型的生态化社
会组织的资金来源各不相同，有 45.5% 的国际环保组织驻华机构、
32.9% 的政府部门发起成立的生态化社会组织拥有相对固定的经费来源，
而民间自发组织和学生社团中拥有固定经费来源的仅为 20% 左右。其三，
局限于环境意识宣传，对生态决策的影响度还较低（见表 3—7）。目前生
态化社会组织的主要工作领域是宣传教育和调查研究方面，而其他较为专
业和实际的生态文明建设决策的参与度较低。其四，缺乏专业的管理人才
和技术人才。根据中华环保联合会的调研，28.9% 的生态代社会组织没有
专职人员；46.5% 的生态化社会组织专职人员在 1—5 人，规模较小，人
才匮乏[①]。其五，生态化社会组织的分布不均衡。中华环保联合会的调查
报告认为，生态化社会组织主要集中在北京、上海、天津、四川、重庆、
云南、内蒙古、湖南、湖北等地，其他地区分布较少。此外还存在内部管
理不健全、缺乏与政府的有效沟通渠道、政府缺乏购买社会组织服务的措
施、社会组织技能培训等问题。

　　十八大在提出大力发展生态文明建设事业，广泛发动社会组织参与社
会治理，"要最广泛地动员和组织人民依法管理国家事务和社会事务、管
理经济和文化事业"，"让人民群众依法通过社会组织实行自我管理、自
我服务和参与社会事务管理，有利于更好地发挥人民主人翁精神，推动社
会和谐发展"[②]。十八届三中全会确立要建立"政府、市场和社会"多元
主体参与的社会主义现代国家治理体系，这些都为生态化社会组织的发展
提供了可贵的历史机遇。

　　推动生态化社会组织发展首先就是要建立健全生态化社会组织的制度
体系，为社会组织的长效发展提供坚实的制度保障。其中最为主要的就是
要解决社会组织的登记注册问题和资金来源问题。在国家社会团体管理的
上位法没有修订之前，一个比较可行的办法是鼓励地方环保部门可以作为

---

　　① 环保部：《中华环保联合会成立一周年献礼——我国首次环保 NGO 调查揭晓》，http：//
www. mep. gov. cn/hjyw/200604/t20060422_ 76073. htm，2006 - 04 - 22。
　　② 胡锦涛：《坚定不移沿着中国特色社会主义道路前进　为全面建成小康社会而奋斗——在
中国共产党第十八次全国代表大会上的报告》，http：//www. xj. xinhuanet. com/2012 - 11/19/c_
113722546. htm，2012 - 11 - 19。

生态化社会组织的业务主管部门，以解决目前生态化社会组织因为没有业务主管部门而无法注册的困境。其次，在资金方面，国家应当对民间的生态化社会组织筹款行为予以支持，提供相应的政策倾斜，为其能够广开门路，积极融资。建议在国家基本的社会融资法律尚未修改的前提下，由国家公共财政支出中划拨专项的资金，再吸收部分社会资金建立"民间生态发展基金"，通过项目制的方式为民间生态组织提供资金支持。最后，政府要加大对生态化社会组织的扶持力度。一方面，要转变观念，在生态文明建设决策方面要积极主动地吸引生态化社会组织参与其中，为生态化社会组织树立良好的社会形象；另一方面，要加大对生态化社会组织的项目支持力度，购买其服务，加大对人员的培训。

表3—7　　　　　　　　　　生态化社会组织社会服务主要内容

服务内容	组织数量（个）
环境宣教	89
调查研究	64
水资源	56
生物多样性	56
乡村社区	51
环境健康	50
环境政策和环境权益维护	47
能力建设	47
城市社区	42
动物保护	42
植物保护	38
湿地	35
企业社会责任	29
资源回收	27
能源	21
生产性自然资源	19
荒漠化	14
海洋环境	9
其他	3

资料来源：《中国环境领域 NGO 基础调研报告》。

表 3—8　　　　　　　　不同环保 NGO 获得各类境外资助比例

注册类型	境外企业资助 （%）	境外基金会 （%）	国外政府资助 （%）
在民政部门登记注册的社会团体	16.00	40.00	4.00
在民政部门登记注册的民办非企业单位	16.67	50.00	0
在工商部门进行企业登记的环保 NGO	12.50	37.50	0
未进行任何登记注册的环保 NGO	0	21.05	5.26

第 四 章

系统要素协同发展中的生态文明建设

生态文明建设是"五位一体"的社会主义建设的子系统,是由相互联系和相互作用的诸要素构成的统一体。生态文明建设与其他文明建设的协同发展是以其系统内部的协同发展为基础,因此,实现系统内部的协同发展就成为生态文明建设的必由之路。十八届三中全会通过的《改革决定》提出:"必须建立系统完整的生态文明制度体系,用制度保护生态环境。"现代国家治理是通过制度的治理,所以,生态文明建设构成要素的协同发展将通过制度体系建设而实现。

第一节　生态文明建设的构成要素

社会有机体的构成要素按照对人类生存的价值可以划分为前提性要素和基础性要素。前提性要素是维系人类生活存续所必需的资源环境,基础性要素是实现人类社会永续发展的保障,通常包括政治的上层建筑和社会意识。

生态文明建设是社会有机体的一个子系统,也可划分为前提性要素和基础性要素。生态文明建设的前提性因素是自然环境景观和矿产资源,这些同时也是整个人类社会有机体的前提性要素。生态文明建设的政治上层建筑就是有关生态文明建设的制度规范及其具体的组织、设施,而社会意识要素则是指生态文明建设的思想理念内容。这其中环境资源是生态文明建设最为基本的构成要素,也是衡量生态文明建设水平的直观标准,可谓是生态文明建设的基石;个体的任何行为活动都必须以一定的价值观念作为依据,并以追求特定的价值为其动因,因此,价值理念是生态文明建设的灵魂；生态文明建设从属于现代国家治理体系，而现代国家治理的就是制度之治，制度成为生态文明建设实现的主要凭借，因此，制度体系也就是生态文明建设的主体架构。

一 生态资源

生态资源（environmental resources）是指影响人类生存和发展的各种天然的和经过人工改造的自然因素的总体。生态资源是生态文明建设最为基本的构成要素，是生态文明建设客观性的体现，更是衡量生态文明建设水平最为重要的标尺。马克思曾指出，"我们这个世界面临两大变革，即人同自然的和解以及人同本身的和解"①，而良好的生态环境就是人同自然的和解的外在表现。

生态资源可以划分为环境与自然资源两个部分，环境主要是指在地球上存在的各种地理现象的综合体，其价值主要在于为人类和其他生命体的存续提供适宜的外部条件。自然资源是生命体的能量来源，是人类社会生产资料或生活资料的来源。

1. 环境

环境是指地球表面各种地理现象的综合体，通常可以划分为自然景观和文化景观。

自然景观是受人类活动影响微乎其微的自然的综合体，主要是指天然形成的地形、地貌和地物，如平原、山区、草原、森林、大海、沼泽地等景物。自然景观按照内容划分为四种。第一种是地文景观，是由地球内力作用和外力作用共同作用形成的。地表各种地文景观的形成和演变，直接受地层和岩石、地质构造、地质动力等因素的影响与控制。第二种是水域风光，是大自然风景的重要组成部分，包括江河湖海、飞瀑流泉、冰山雪峰等。第三种是生物景观。生物不仅使得世界变得精彩，各种动植物使地球表面生机勃勃，而且是地球生命能够维系的根本所在，为生命体提供基本的生存环境和能量供给。各种动植物让人类得到赏心悦目的感受，也有很多具有宝贵的科学研究价值、美化和净化环境的作用。生物景观包括森林景观（具有独特的美学价值和功能的野生、原生以及人工森林）、草原

---

① 《马克思恩格斯全集》第1卷，人民出版社1976年版，第603页。

景观（指大面积的草原和牧场形成的植被景观）、古树名木（主要是指单体存在的古老名贵的树木）、珍禽异兽及其栖息地（现存数量较少或者濒于灭绝的珍贵稀有动物和保护珍稀动物栖息地的自然保护区）。第四种是气候天象，主要指不同地区的气候资源与岩石圈、水圈、生物圈资源景观相结合。

文化景观是人类在地表上的活动的产物，包括了与一个历史事件、活动或人相关的文化资源（cultural resources）与自然资源（natural resources）。文化景观是人类文化作用于自然景观的结果，主张用实际观察地面景色来研究地理特征，通过文化景观来研究文化地理①。联合国《世界文化与自然遗产保护公约》之执行指导方针（Operational Guide Lines for the Mentation of the World Heritage Convention）认为文化景观是文化资产，代表着"人类与自然结合之作"，是自然环境与人类生活互动后所产生的结果。它反映文化体系的特征和一个地区的地理特征。文化景观虽然是人类作用和影响的产物，但发展规律却服从于自然规律，必须按自然规律去建设和管理，才能达到预期的目的。

文化景观可以直接观察和体验，大致有四种主要形态。其一，历史场所（historic sites）。这主要是指包含有与人类演化有关可以被定义为遗产资源（heritage resources）的自然与文化资源，如宗教场所。其二，历史性设计景观（historic designed landscapes）。这一景观是由景观建筑师、造园匠师、建筑师或者是园艺师依据设计原则有意识设计或规划的景观。这种景观可能与景观建筑中具有重大意义的人物、趋势或事件有关，或者是阐明了景观建筑理论与实践的重要发展，如公园、校园与豪宅庄园。其三，历史性风土景观（historic vernacular landscape）。这是指由人类活动或是居住演化而生成的景观，反映了居民在日常生活上物质、生物与文化特色，如农村、工业复合建筑与农业景观。其四，民族志景观（ethnographic landcapes）。这些是与特别民族或人种有关的景观，如民族集聚区的居住格局、建筑等。

2. 资源

自然资源是处于自然状态或者没有被加工过的物质及其能量。从经济

---

① 彭克宏：《社会科学大词典》，中国国际广播出版社 1989 年版，第 346 页。

学的角度看，自然资源是人类生产和生活的物质基础，是生产力的物质要素，它能产生经济价值，提高人类当前和未来的福利。一个国家所拥有的自然资源的质量、数量和利用状况，是构成其经济实力的重要因素①。

自然资源有两个特性。一方面，相对于人类需求来说，自然资源具有稀缺性。这一特性在当代社会显得更为突出。自然资源可以满足正常的人类基本生活需要，但是人类社会尤其是被资本主义消费文化深刻影响的社会，人类对资源的需求不仅仅局限于基本的生存需求，或者可以说基本的生存需求对他们而言不是主要的需求，无休止和过度的消费欲望成为人们对自然的主要需求。在这种情形下，自然的有限性特征更为突出。另一方面，自然资源又是一个动态的概念，随着知识的发现和技术进步，会不断发现新资源，从而改变自然资源的质和量。世界著名的资源专家齐默尔曼认为，资源属于高动态函数概念，资源是否充分的问题涉及更多的将是人类的智慧，其次才是资源的局限②。按照增值性能的不同，一般可将自然资源分为可再生自然资源、可更新自然资源、不可再生自然资源三类。可再生自然资源包括太阳辐射、风、水力、地热和温泉等可连续往复地供应的资源。可更新自然资源主要是指生物资源，即能自我繁殖的有生命的有机体，如森林、草地和动物等。不可再生自然资源主要指矿产资源，其形成周期往往以百万年计，因而开发利用一点就少一点，是不可再生的。土壤资源的形成周期虽较矿产资源短，但与消费速度相比，也是十分缓慢的，本质上也是不可再生资源。马克思对资源的研究主要是集中于矿山和土地等不可再生的资源形态③。

环境资源是生态文明建设最为基本的构成要素，也是生态文明建设最为感性、直观的组成部分。生态文明建设最初的认识主要就是与人类生活息息相关的资源环境，随着生产的发展和人类认识的不断深化，生态文明建设才逐步成为由生态环境、生态价值与生态文明建设的制度体系构成的社会有机体的子系统。而无论是生态价值还是生态文明建设的制度体系建设都要以生态资源环境为基础，而生态文明建设的成败与否最为直观的衡

---

① 张卓：《政治经济学大辞典》，经济科学出版社 1998 年版，第 299—301 页。
② 同上。
③ 《马克思恩格斯全集》第 23 卷，人民出版社 1972 年版，第 56—57 页。

量标准就是良好的生态环境。因此，可以说生态环境是生态文明建设的基石。

二　生态价值观

价值（value）本来是一个古典经济学概念，原意是指事物的用途和积极作用。自 19 世纪中叶被德国哲学界引入哲学，现已成为现代科学中一个具有广泛重要意义的范畴，用来表示人与各种对象之间需求和满足需求的关系。佩里认为"价值"被看作一种选择取向，反映了人类的需求、欲望，以及实现这种需求、欲望的方式、态度，"有利益即有价值"。在现代社会科学语境下的价值通常具有两个层次的含义。第一层是实体意义，指事物、观念具有自身内涵（这一含义与"价值"不同）。胡塞尔认为，"意义即语句所指谓的东西"。第二层是相关意义，指事物、观念对他物的作用。当一个事物、一种观念对作为主体的人存在相关意义时，我们可以说这个事物、这种观念是有价值的。对人有利的相关意义，是正价值（善、好、美），而对人不利的相关意义，是负价值（恶、坏、丑）[①]。

人类对客观世界的价值认识的总和是价值观，其中人类对生态系统的价值认识就是生态价值观。生态价值观可以从两个层次进行认识。第一个层次就是最为直接的生态系统的具体价值，包括生态价值、经济价值和审美价值，这是生态系统价值不同性质的区分，解决的是生态系统价值具体"是什么"的问题。第二个层次是在第一个层次的基础之上解决生态价值的位阶问题，也就是长久以来关于人类中心还是生态中心的争论，也可以理解为是关于"生态价值的价值"问题。

1. 生态维系价值

生态维系价值是指生态系统和要素所具有的、能满足生态系统及其要素的生存、稳定、有序与繁荣的性质。马克思指出，自然界不仅对人有价值，而且它自身也具有价值。生态维系价值是由生态系统内在的性质所决定的，是生态系统无形的功能性的服务价值，如生命支撑价值、基因多样化价值、环境净化价值等。在人类出现之前，自然生态系统就在不断进行

①　石磊、崔晓天、王忠：《哲学新概念词典》，黑龙江人民出版社 1998 年版，第 114—115 页。

自我更新、演替和再生，也在不断创造着生态功能和价值，并且这些生态价值是人类得以产生和发展的前提。生态维系价值是客观存在的，不以人类的意志为转移，是一种客观存在的内在价值或者是固有价值，而不是一种相对于人的需要的工具价值[①]。

2. 生态经济价值

生态的经济价值在传统的经济学中常被忽视，认为商品的价值是凝结在商品中的社会必要劳动，自然资源不是人类劳动产品，因而不具有价值，人们对它的使用是大自然的恩赐，是无须付费的。马克思认为自然资源是社会财富，自然资源是商品价值的来源，因此生态具有使用价值，通过劳动而实现人与生态系统之间的"物质交换"。马克思在《资本论》中论述道，"种种商品体，是自然物质和劳动这两种要素的结合……劳动是财富之父，土地是财富之母"[②]。马克思在这里用"土地"表征生态系统，指出商品的价值是工人通过对自然资源的社会劳动而实现的，自然界给劳动提供生产资料，没有劳动加工的对象，工人创造价值的社会劳动就不能存在。马克思批判之前政治经济学家的劳动是一切财富的源泉的观点，认为"劳动加上自然界才是一切财富的源泉，自然界为劳动提供物料，劳动把物料转变为财富"[③]。

在环境经济学中，生态资源的价值称为总经济价值（total economi cvalue，TEV），包括使用价值（use value，UV）或有用价值（instrumental value）、非使用价值（nonuse value，NUV）或内在价值（intrinsic value）两部分。使用价值包括直接使用价值（Drect use value，DUV）、间接使用价值（Indivect use Value，IUV）、选择价值（option value，OV）。

总经济价值（TEV）＝使用价值（UV）＋非使用价值（NUV）＝（直接使用价值 DUV＋间接使用价值 IUV＋选择价值 OV）＋非使用价值（NUV）。

生态直接使用价值，也称为可提取的使用价值、消费性使用价值或结

---

① 严耕、杨志华：《生态文明建设的理论与系统构建》，中央编译出版社 2009 年版，第 184 页。

② 《马克思恩格斯全集》第 23 卷，人民出版社 1972 年版，第 56—57 页。

③ 《马克思恩格斯选集》第 1 卷，人民出版社 1995 年版，第 42 页。

构性使用价值，产生于可以被提取、消费或者直接享用的物品。所有这些效益都是实际的、可以度量的，并且拥有价值，虽然某一个体的消费并不减少其他人的消费（经济学家将此称为非竞争性消费，这些物品被定义为公共品）。消费性使用通常是最容易估价的，因为往往涉及可以观察到的物品数量，而这些物品的价格也是可以获得的。非消费性使用则往往较难估价，因为数量与价格都可能无法观察得到。

间接使用价值是生态支持当前生产和消费活动的各种功能间接获得的效益，来自生态所提供的服务，例如湿地对水进行过滤，从而改善了下游用户的用水质量。这些服务都是有价值的，但并不要求对任何物品进行收获。对间接使用价值的度量比对直接使用价值的度量更难，因为所提供的服务"数量"往往很难测量。此外，在这些服务中，有很多根本就没有进入市场，因此也极难为其制定"价格"。例如，一片风景带来的视觉上的美感效益在消费上是属于非竞争性的，这意味着它们可以为很多人所享用，同时并不损害其他人的愉悦。

生态的选择价值属于非竞争性的价值，可以为很多人所享用，同时并不损害其他人的愉悦生态资源的价值[1]。

非使用价值是生态资源存在的价值，与人类是否使用没有关系。非使用价值来自于生态可能提供的某些效益，然而其中并不涉及对这种价值的任何使用，无论是直接使用还是间接使用。非使用价值是最难估量的一类价值，因为在大多数情况下，它们在本质上就没有从人们的行为中得到反映，因此完全无法观察[2]。

3. 生态美学价值

生态美学价值是生态的一种精神价值，是指生态系统具有能够满足人们审美需求的能力。生态审美观则要求以审美意识为指导，引导科学技术和人类实践"按美的规律"创造出自然美与人工美融为一体的生态环境，防止生态环境在科学和工业力量干预下发生反自然美的畸变。无论是自然景观还是人工景观都能提供给人类与艺术欣赏本质不同的欣赏模式与

----

① 世界银行生态局：《环境评价资源手册》，http://info.worldbank.org/etools/docs/library/39413/ea_sourcebook_env_valuationcn.pdf，2014-10-05。

② 同上。

途径。

马克思和恩格斯把人的审美意识看作由一定的社会存在决定的社会意识。物质生产的发展归根结底制约着整个人类历史的发展，从而制约着人们的审美意识。因此，从马克思主义美学视角出发，生态的美学价值是人的一种个体体验，在于满足主体的愉悦感，较有极强的主观性，因而是比较难以测量的，美学价值是无法用任何公式来加以估量的。生态系统的价值正如"幸福"是亚里士多德所讨论的"happiness"，而不是经济学家们讨论的"pleasure"（快感）。生态系统的价值不是用经济指标就能衡量的，用经济价值衡量世界是一种资本主义或者是工业文明的思维所致。而且生态的美学价值还是一个不断发展创造的过程，人类在原有的生态美学认识基础之上结合时代发展的情形，重新发现和刻画出生态新的价值，以满足人们不断增长的多重审美需求。

4. 对生态价值的整体认识

生态系统的价值主要是由前述的生态维系价值、生态经济价值和生态美学价值所构成，这是对生态价值的一种"解构"式的分析，目的在于细化生态价值的内部构成，以期对其有一个较为完整的认识。对生态价值的完整把握不仅要着眼于"解构"，同时也要"宏大叙事"即从整体上认识生态价值在人类社会中的地位问题，也就是人与生态的关系问题。这一问题一直以来都有较多的关注，如"人类中心主义"和"生态中心主义"之争。人类中心主义只承认人是唯一的价值主体，生态环境是服务于人的外在条件，最终导致了人类对自然的过度开发，产生了环境污染和生态危机。生态中心主义则是将生态环境提升到至高的地位，甚至强调人类社会必须停止改造自然的活动以保育生态。这种争论从另一个层面加深了人们对生态价值的认识。

首先，马克思认为自然界先于人类历史存在，自然界对于人类的产生、生存和发展具有本源地位，是社会存在和发展的前提和环境。人是价值的中心，但不是自然的主宰，人的全面发展必须促进人与自然和谐，强调以人为本原则，同时反对极端人类中心主义与极端生态中心主义。历史本身是自然史的即自然界成为人这一过程的一个现实部分[1]，而人本身是

① 《马克思恩格斯全集》第42卷，人民出版社1979年版，第128页。

自然界的产物，是在自己所处的环境中并且和这个环境一起发展起来的。马克思恩格斯指出："人直接地是自然存在物，是自然界中的一部分，人离不开自然界，要靠自然界生活，即现实、有形体的、站在稳固的地球上呼吸这一切自然力的人'他'本来就是自然界，直接地是自然存在物，是自然界的一部分。"① 恩格斯更为明了地指出："我们连同我们的肉、血和头脑都是属于自然界和存在于自然界之中的。"②

其次，马克思认为自然界是人类生存和发展的外部环境，为人类提供生存、享受和发展的资料，是自然界给人类提供了生命活动的外部环境，为人类的劳动提供资料。"没有自然界，没有感性的外部世界，工人什么也不能创造，即人并没有创造物质本身。甚至人创造物质的这种或那种生产能力，也只是在物质本身预先存在的条件才能进行的。"③ 土地是我们的一切，是我们生存的首要条件。马克思还把自然界比作人类的身体，"人靠自然界生活，这就是说，自然界是为了不致死亡而必须与之处于持续不断的交互作用的过程的、人的身体。所谓人的肉体生活和精神生活同自然界相联系，不外是说自然界同自身相联系，因为人是自然界的一部分"④。

最后，在人与自然关系地位上，马克思指出人是自然界的有机身体，而自然界是人的无机身体，两者是统一的。要树立以人与自然的协同进化为出发点和归宿的生态价值观。人类社会脱胎于自然界，人是自然界的一部分，存续要以自然界所提供的物质资料为基础。马克思认为人与自然通过"物质变换"实现人和自然之间物质变换的过程，使生物与自然环境之间所进行的以物质、能量和信息交换为基本内容的有机联系。恩格斯指出，"人们愈会重新地不仅感觉到，而且也认识到自身和自然界的已知，而那种把精神和物质、人类和自然、灵魂和肉体对立起来的、反自然的观点，也就不可能存在了"⑤。因此，马克思坚持人是价值主体，但是反对

---

① 《马克思恩格斯文集》第 9 卷，人民出版社 2009 年，第 38 页。
② 同上书，第 560 页。
③ 《马克思恩格斯文集》第 1 卷，人民出版社 2009 年版，第 158 页。
④ 余谋昌：《马克思和恩格斯的环境哲学思想》，《山东大学学报》（哲学社会科学版）2005 年第 6 期，第 83—91 页。
⑤ 《马克思恩格斯选集》第 4 卷，人民出版社 1995 年版，第 384 页。

把人与生态对立的价值观。

价值观是个体具有的一种相对持久的信念，个体用这个信念可以判断某种行为方式或结果状态的好与坏、适当与不适当、对与错等。这种较稳定的信念可使个体的行为都一致地朝向某一目标或带有一定的倾向性。个体的价值观为其实践行为提供了内在参考，换言之，价值观决定着个体的态度、意见和行为。生态危机的产生就是源于人类生态价值观念的严重缺乏，导致人类的生产生活实践严重偏离人与自然和谐发展的轨道。生态文明建设最终是要实现一种人类社会与生态系统的和谐发展，这就要求人类的价值观发生变革，确立完整、科学的生态价值观，进而促使生产生活方式发生生态化的转向。因此，生态价值观可谓是生态文明建设的灵魂。

三　制度体系

马克思主义认为，社会有机体除了具备生物有机体的一切特性之外，还有生物有机体不具备的特性，即人的主体性和能动性。人类社会之所以是一个有机性程度极高的系统，就在于它具有自我意识，能够以自觉的形式进行的。在社会有机体进行自我调解过程中形成的具有强制性的一整套社会文化规范和行为模式就是制度。制度一方面为社会主体提供了行为规范，提供合理的预期，保证了他们适度地行为；另一方面也体现了特定的社会结构关系[①]。

制度有正式制度与非正式制度、基本制度与非基本制度之分。正式制度系人为通过一定程序制定，非正式制度则为自然演化而来。基本制度是一种制度体系中的核心部分，是一个制度体系的质的规定性所在，并规定了非基本制度的具体内容、发展方向及其相互关系。基本制度既是非基本制度的合理性根据之所在，又决定了一个社会的结构范式与人的基本交往方式。非基本制度则由基本制度依据特定程序、在一定具体条件下衍生而来，具有更多的技术性、工具性特征。基本制度具有更高的稳定性，非基本制度则相对更富有变化性[②]。按照这一标准，生态文明建设制度包括由公共权威机构制定或者认可的具有强制力的法律、规章、条例等正式制度

---

① 秦玉琴：《新世纪领导干部百科全书》第 5 卷，中国言实出版社 1999 年版，第 3875 页。

② 朱贻庭：《伦理学大辞典》，上海辞书出版社 2002 年版，第 271 页。

和对正式制度起到补充、拓展、修正、说明的得到社会认可的不具有强制拘束力的非正式制度。这一区分在法学视野内就是"硬法"和"软法"的分野。

生态文明建设制度体系的科学性和完整性取决于制度体系是否能够全面地指引确立一种生态系统与人类实践行为之间和谐的共生关系。合理的生态文明建设制度体系既能将人类社会的政治、经济、文化、社会等因素予以充分关注，也能顾及人类正常的生态需求的有效满足，还可以实现生态系统自身的可持续发展。以此为原则，结合 Hannam 和 Bore[①]、杜群[②]等学者的研究，生态文明建设制度体系应当包括如下主要内容。

1. 明确的制度价值

制度的价值是制度建设的依据和指南，是整个生态文明建设制度体系的根本保障。生态文明建设制度价值首先是要确保生态系统自身的可持续发展，保护自然资源的生态属性，维护生态系统的固有价值。这是生态文明建设的前提条件。其次，生态文明建设制度的价值要立足于实现人类社会的可持续发展。通过制度设计促进自然资源的合理利用，均衡人类需求和生态承载能力，妥善协调好代与代之间的发展问题，确保当代人以及后代都能够享受良好生活环境的可能性。

2. 完善的生态权利义务

法律规范是古今中外最主要的制度形式，而法律规范的核心就是对法律主体权利义务的法律关系的确立。生态权利包括获得生态收益的权利、享有良好生态环境和健康的自然资源的权利，获取生态资源使用信息和知识的权利，个人和社区参与生态决策的权利，通过司法、行政等途径获得救济的权利，对政府和企业生态文明建设行为进行监督检举的权利。生态义务就是为当代人和后代人的生态利益而承担的保护、保育和管理自然资源和进行环境保护的义务[③][④]。

---

① Hannam I., Bore B., "Drafting Legislation For Sustainable Soils: A Guide", *ICUN Policy and Environment Law*, 2004, 52.

② 杜群:《生态保护法论》，法律出版社 2012 年版，第 55—72 页。

③ Hannam I., Bore B., "Drafting Legislation For Sustainable Soils: A Guide," *ICUN Policy and Environment Law*, 2004, 52.

④ 杜群:《生态保护法论》，法律出版社 2012 年版，第 55—72 页。

3. 系统的生态战略规划

战略规划是为了实现生态文明建设制度的创制目的，由党领导生态管理部门制定的长期性的生态文明建设战略部署。生态战略规划是生态文明建设制度的具体化，明确了具体的责任和义务，确保生态资源的可持续利用，包括国家以及各级政府的环境和资源发展战略、生态多样性发展规划、环境保护发展规划、生态标准体系等。

4. 政府职能的明确化

科学的生态文明建设制度体系强调政府在生态文明建设中的主导作用。这就要求生态文明建设制度体系对生态行政机关以及相关机构的职能作出明确的规定，明确其在生态文明建设中的权利、责任和义务构成，这其中分为生态主管部门的职能和主管部门首长的职能。生态主管部门的职能主要有管理性职能（对资源生态系统功能的多样性和生物多样性的管理，对资源的恢复使用和可持续利用、资源与环境污染的管理等）、技术性职能（资源计划、资源开发利用的生态限制、土地区域划分、资源生态标准等）、知识性职能（开展生态调查研究、推进生态公共参与、普及生态知识、提高社会的生态文明建设能力）、社会性职能（开展民生生态项目建设）、执法性职能（制定规范性文件和行政执行标准、通过行政途径化解生态纠纷）。主管部门首长的职能一般包括制定综合或者专项的战略方案处理资源和生态文明建设问题、对生态系统进行科学全面的评估、制定控制自然资源退化的行动和项目、制定和实行生态教育和公众参与的战略规划和具体项目、充分开展生态环境以及可持续发展的研究等①。

5. 完备的生态文明建设主体架构

完备的生态文明建设主体架构包括传统的行政决策机关、决策顾问机构、科学决策机构、利益相关者机构。行政决策机关有三种类型，其一是资源管理部门，负责对自然资源的开发利用实行综合化管理；其二是环境保护和管理部门，负责生态环境管理和保护、修复；其三是协调或者替代机构，对自然资源管理和生态系统保护的部门进行协调。决策顾问机构是由科技专家组成，就与资源可持续利用的有关战略、政策、行政、组织以

---

①　Anon. Soil Conservation Act 1938 No. 10, http：//www. legislation. nsw. gov. au/fullhtml/inforce/act＋10＋1938＋FRIST＋0＋N, 2014－07－14.

及财政方面的问题向资源主管部门或者生态保护统一监督部门提供建议和意见。科学决策机构是根据资源可持续管理、生态保护立法建立的咨询委员会或者工作组，承担与资源可持续管理、生态保护的专门技术、科学、社会学与经济学方面的相关具体咨询和技术决策，并提出可行的行动方案的建议。利益相关者机构或组织包括科学研究机构、技术服务和推广机构、农村自治组织、社区组织等。

6. 有力的生态行政管制

行政管制是指行政部门依法对威胁生态系统的活动或者进程设定评定标准、制定自然资源利用和保护的生态标准及评价程序。其手段主要是对可能导致生态破坏或者污染的资源开发利用活动采取限制性或禁止性措施，并对其进行现场检查、行政许可等行政管束的管理机制。生态行政管制的目的在于控制对生态系统"具有现实的或者潜在的威胁进程"（existing or potentially threatening processes），主要管理方式是进行环境影响评价、设定生态资源标准、规定行政准入许可等。

7. 科学的生态资源开发、保护计划体系

资源可持续利用和生态保护区划、规划、计划的目的在于依据科学知识制定满足生态资源的开发利用标准，将生物多样性保护作为资源开发和决策的首要原则，划定资源开发和生态保护的局限，实现采取相应的措施以避免或者减少对自然资源生态整体性的风险或威胁。科学的生态资源开发、保护计划体系要建立在对生态功能区划正确把握基础之上。生态功能区划体系要明确各类生态功能区划的主导生态服务功能以及生态保护目标，划定对国家和区域生态安全起关键作用的重要生态功能区域。

8. 精确的生态测评体系

生态系统的调查、研究、监测、评价是生态管理者以及决策者、社会公众掌握生态文明建设进程、资源开发的现状、生活环境质量的主要途径。精准的生态测评体系要有科学的监测和评价指标体系与方法。生态测评的主导力量是生态行政机构，监测自然资源利用状况、生态环境状况和生态系统健康状况是政府生态行政职能的主要内容，而且要将相关内容完整、及时地向社会公众公布。

9. 公众的生态参与机制

现代的生态文明建设体系是由政府、市场和社会构成的多元治理网络机制。因此，生态文明建设制度体系要保障公众和社区组织能充分有效地参与到生态文明建设之中。公众的生态参与首先要确保知情权的实现。通过立法保障公民的知情权，使任何人都有权获取国家掌握的与自然资源可持续利用、生态环境状态相关的信息。生态主管部门、生态保护监督部门要积极主动地将生态区划和相应的管理计划公布于众。此外，政府要促进和鼓励公众和社会组织参与到生态文明建设实践之中，制定详尽的制度规范、设置有效的参与程序，使每个公民都能够、都愿意参与到不同的生态文明建设实践中。

10. 有效的生态教育

生态教育是人类为了实现可持续发展和生态文明建设的需要，而将生态学思想、理念、原理、原则与方法融入现代全民性教育的生态学过程。生态教育是生态文明建设的知识保障和文化与生态文明建设协同发展培育的主要方式。制度建设要确保通过不断的教育、宣传和培训工作，使决策者、资源开发利用者和广大的社会公众理解生态文明建设的知识和机理，并在行动中进行有效地贯彻。这其中最为主要的就是要保证生态教育的机构和人员设置、财政支持以及明确政府及其附属部门的职责设置问题。

11. 生态责任设置

生态法律关系是一个新型的法律形式，涉及多元的社会主体，其中政府是生态文明建设的义务主体。但是传统的法律责任划分依据是自然人或者法人等主体的行为属性（民事、刑事、行政责任），政府的生态文明建设行为并不能完全被这三种责任所涵盖，因此就出现了法律责任的空白。生态责任的设计要在既有的法律责任的基础之上增加针对政府生态文明建设行为的政治责任的相关规定。此外，生态责任的制度设计要对生态责任的追究和生态权益的争议处理程序作出明确的规定。

生态文明建设制度体系是指在全社会制定或形成的一切有利于支持、推动和保障生态文明建设的各种引导性、规范性和约束性规定和准则的总和。制度的出现就是要通过明确性规范指引，使人们对自己的行为产生明确的结果预期，引导人们用科学、理性的方法认识外部世界、参与公共事务治理，实现从"必然王国走向自由王国"的转变，形成一种理性的行为方式。生态文明建设的根本所在就是改变人们对生态环境那种蒙昧、极端和低效的思维和行为方式，实现人们行为方式的"生态化"转向，将生态文明建设的理念自觉地融入社会行为和经济社会发展模式之中，实现集体行动的"生态自觉"。这需要建立新的制度行为规范，通过制度指引人们行为的转变。而现代国家治理是依靠制度的治理，制度是治理的主要途径，现代国家治理就是制度之治。生态文明建设也属于制度之治，生态文明建设的各个组成部分均脱离不了制度的影响，都是按照制度设计而有序展开的。因此，制度体系是生态文明建设的基础支撑。

第二节　生态文明建设要素协同发展考略

生态文明建设系统内部的协同发展状态应当是由完整的价值观、综合性的生态文明建设制度体系和有序运行的生态资源开发所构成。价值观是制度体系的指导理念，而制度体系直接决定了人们的行为方式，对生态系统的运行起到决定性的影响。生态文明建设以此衡量，存在三个方面的问题，即生态价值观的整体性缺失、制度体系的系统性匮乏以及生态系统的失衡。

一　生态价值观的整体性缺失

生态价值观是生态价值的整体性认识，由生态维系价值、生态经济价值和生态美学价值等内容构成，既包括生态系统对人类社会的价值，也包括生态系统维系自我发展的价值，但目前生态价值存在与整体性要求相背离的情形。首先，生态价值被分割为互相对立的两个部分，即生态对人的价值与生态系统自身的价值。其次，以经济价值代替生态系统其他的价值，用经济指标来衡量生态价值。

1. 人与自然对立的价值观

将自然与人类社会对立、把自然作为人类发展的工具的认识并不为我国独有。西方国家工业化时期也秉持过这样的价值理念，而且从发生学的角度考量"主客二分"无疑是西方启蒙思想的主要内容。笛卡儿提出了"主客二分"的思想，认为人是世间唯一的主体，客体是主体的对象，客体的价值衡量以人的需求满足为尺度。这种思想演变为人类中心主义的价值观，把人类的利益作为价值原点和道德评价的依据，只有人类才是价值判断的主体。人类中心主义在人与自然的价值关系中，认为只有拥有意识的人类才是主体，自然是客体。价值评价的尺度必须始终掌握在人类的手中，"价值"都是指"对于人的意义"。在人与自然的伦理关系中，人类中心主义坚持"人是目的"的思想，人类的一切活动都是为了满足自己的生存和发展的需要，不能达到这一目的的活动就是没有任何意义的，因此一切应当以人类的利益为出发点和归宿。在人类中心主义的视野中，自然被当作资本主义生产和再生产源源不断的资料来源，其后又把"没有价值、不受欢迎"的生产副产品回放到自然界。在资本主义社会，自然是资本的出发点，但不是归宿，只是服务于资本积累。自然只有服务于人类发展的价值，自然成为"受价值规律和资本积累过程支配的自然"①，"资本积累依赖自然财富而得以维持，环境蜕变为索取资源的水龙头和倾倒废料的下水道"②。

　　马克思对资本主义的批判主要集中于政治经济学的批判，论述了资本主义生产方式对自然产生的影响，但"低估了作为一种生产方式的资本主义的历史发展所带来的资源枯竭以及自然界的退化的厉害程度"③。时代背景决定了马克思不可能从生态学的视角去对资本主义进行评判，只是在哲学思想中从应然的层面把自然置于一个较高的地位，而并没有对人类社会与生态系统的价值关系问题予以直接全面地回答。

　　马克思生态思想的这一空场无论是苏联还是中国都没有予以较高的关注，没有厘清人与自然的价值关系问题。由于我国社会主义建设是以工业化为中心的现代化，"发展才是硬道理"成为最高的价值准则，实现经济的增长成为整个社会的利益追求，形成了一种不惜一切代价进行工业化的狂热的现代化价值理念。在很长一段时间内我国社会主义建设受制于传统政治经济学的劳动价值论，坚持商品的价值是凝结在商品中的无差别的人类劳动的观点，忽视了生态资源对产品的价值贡献，导致了自然资源的滥开滥用。自然也沦为工业化的"水龙头"和"污水池"。

　　党和国家在社会主义建设中逐步认识到了生态价值的整体性。科学发

---

　　① 奥康纳：《自然的理由——生态学马克思主义研究》，南京大学出版社 2003 年版，第 34 页。

　　② 福斯特：《生态危机与资本主义》，上海译文出版社 2006 年版，第 73 页。

　　③ 奥康纳：《自然的理由》，南京大学出版社 2003 年版，第 198 页。

展观提出了发展要注意统筹人与自然的关系，标志着我们党在发展问题上的进步和成熟，开始引领整个社会价值观念的转变。绿色 GDP 的推行可以视为这个转变的重要体现。

国民经济核算体系主要还是以国内生产总值（GDP）或者国民生产总值（GNP）来作为主要指标，这两个指标都是只重视经济数量的增长而忽视经济增长所付出资源环境代价[1]。为了弥补 GDP 核算经济发展的局限，在 2004 年国家环保总局（现环保部）和国家统计局就开始推行绿色 GDP 核算工作。绿色 GDP 是指一个国家或地区在考虑了自然资源（主要包括土地、森林、矿产、水和海洋）与环境因素（包括生态环境、自然环境、人文环境等）影响之后经济活动的最终成果，即将经济活动中所付出的环境资源成本和对环境资源的保护服务费用从 GDP 中予以扣除[2]。

绿色 GDP 这个指标，实质上代表了国民经济增长的净正效应。绿色 GDP 占 GDP 的比重越高，表明国民经济增长的正面效应越高，负面效应越低，反之亦然。[3] 绿色 GDP 的公式为：可持续收入（绿色 GDP）＝传统GDP－（生产过程资源耗竭全部＋生产过程环境污染全部＋资源恢复过程资源耗竭全部＋资源恢复过程环境污染全部＋污染治理过程资源耗竭全部＋污染治理过程环境污染全部＋最终使用资源耗竭全部＋最终使用环境污染全部）＋（资源恢复部门新创造价值全部＋环境保护部门新创造价值全部）。

绿色 GDP 的推行必然有助于通过国家经济统计的权威方式影响人们对生态资源的价值认识，但是《中国绿色国民经济核算研究》项目启动不久，就由于技术方法的争议和部门主导权的争执而陷入沉寂[4]。由此可见，目前

---

① 《国家统计局关于 2012 年 GDP（国内生产总值）最终核实的公告》，http：//www. stats. gov. cn/tjsj/zxfb/201401/t20140108_ 496941. html，2014 - 01 - 08。

② 刘海藩：《现代领导百科全书·经济与管理卷》，中共中央党校出版社 2008 年版，第 267—268 页。

③ 《绿色 GDP》，http：//wiki. mbalib. com/wiki/绿色 GDP，2014 - 06 - 28。

④ 潘琦：《绿色 GDP 命运多舛：统计局官员不满环保部"越权"》，http：//finance. if-eng. com/a/20141022/13206732_ 0. shtml，2014 - 10 - 22。

还不存在从根本上扭转目前的发展模式和人与自然价值观念的政治社会基础。

2. 生态价值被单一化为生态经济价值

以经济增长为最高追求的社会，不仅难以在整体上对生态与人类社会的价值关系予以正确把握，而且在对生态系统价值构成的认识上也难以保持整体性，只见生态系统的经济价值并且用经济指标来表征生态系统的价值，把生态所具有的文化价值、审美价值、生态价值等非经济价值隐蔽或者割裂。生态系统仅仅具有为经济发展提供资源等原材料的工具性价值，仅仅是经济利益的"储存地"。这种对生态系统价值构成的片面性认识根源于对生态与人类社会价值的整体把握不清，宏观的片面性导致了微观的片面性。

市场经济的一个重要特征就是用价格作为价值的衡量标准。市场经济在生态系统的价值认识上体现为根据资源的有用性和稀缺性用交易价格体现资源的价值，即生态的价值必须要在交易市场之中才能够得以体现。目前在自然资源价值计量的方法大体可以归纳为直接市场法（直接用市场价格对可以观察和度量的自然资源价值变动进行测量的一种方法）、替代市场法（当自然资源本身没有市场价格来进行直接衡量时，可以寻找替代物的市场价格来衡量，如用土地价格来替代空气价值）和假想市场法（当替代性市场难以寻找的时候只能人为地创造假想的市场来衡量自然资源的价值）三种。市场经济中生态的价值等同于可以衡量的经济价值，或者将经济价值作为第一位的价值，而且价值只能通过市场价来表示和调节。2014 年，剑桥大学地理学教授亚当斯对把生态价值"价值量化"的思维进行了批判。亚当斯指出：从经济学角度量化大自然对人类的贡献，给大自然指定"量化值"是一种错误的做法。这不利于生物的多样性保护，并且会让大自然面临物种消失和彼此间产生生存冲突等困境，也会"鼓励"人们从经济潜在价值和社会影响方面制定一些不利于生态环境的"保护策略"，可能形成人类与大自然互动过程中的恶性循环[①]。

从认识论的角度看，生态价值认识存在的问题是工具理性（instrument reason）在生态领域的具体化。工具理性与人文理性相对应，认为客观存在的事物价值只是在于能够实现经济增长，是实现经济增长的工具而已。在这种价值理性的驱使之下，人类社会只会去追求事物的商业价值，

---

① Adams W. M., "The Value of Valuing Nature", *Science*, 2014 (6209): 549 - 551.

将生态仅仅作为满足人类需求的对象，而忽视其人文艺术价值以及其本身的价值。

生态系统对于人类社会而言不仅具有经济价值，而且还具有审美价值、历史文化价值、生命支撑价值等。不仅具有外在的对人类社会的价值，还具有自身发展的价值。奥康纳认为生态不仅是人类社会发展中消极和被动的存在，还具有自身所特有的价值规律，即"自然界之本真的自主运作性"和"自然的终极目的性"。自然界之本真的自主运作性是指人类在通过自身的劳动改造自然界的同时，自然界也在改变和建构自己。自然的终极目的性是指自然界本身的存在就是它自身的最终目的，这一目的具有无条件的至上性①。

生态价值认识存在的问题也是人类的认识具有局限性和滞后性所导致的。由于客观事物本身的复杂性及发展过程的无限性，人对事物的认识要受到主观和客观条件的限制，特别是受到具体的实践水平的限制，因此，认识的发展要经过"实践、认识、再实践、再认识"的循环往复以至无穷的过程。就某个具体事物而言，正确认识往往要经过由实践到认识、由认识到实践的多次反复才能完成，是一个无限发展的过程。生态价值认识也与人类自身的认识水平有关系，尤其是与生态学的发展有着密切的关系。以对湿地的认识为例，以前湿地被认为是荒芜的沼泽地，处于人类的开发利用的视野之外。随着科学尤其是生态学的发展，在 20 世纪人类逐渐意识到湿地的生态价值、环境价值。湿地开始被称为"全球三大生态系统"之一，上升到与森林和海洋同等重要的级别；被誉为"地球之肾"，因为湿地有净化污水、控制污染方面的功能；被称为"生物超市"和"物种基因库"，是多种生物的栖息地。联合国环境署研究认为，1 公顷湿地生态系统每年创造的价值高达 1.4 万美元，是热带雨林的 7 倍，是农田生态系统的 160 倍。国际权威自然资源保护组织——瑞士拉姆沙研究会研究测算，全球生态系统的价值是每年 33 万亿美元，其中湿地生态系统占 45%。而对湿地如此的重视来源于人类付出的惨痛代价之后。2005年 8 月，"卡特里娜"飓风登陆美国西岸，对新奥尔良市造成了严重的破

---

① ［美］奥康纳：《自然的理由：生态学马克思主义研究》，南京大学出版社 2003 年版，第34 页。

坏。造成新奥尔良悲剧的影响因素比较多，但其中重要的一个因素是当地居民 200 多年来对海岸湿地持续不断的破坏。由于海岸湿地的消失，新奥尔良对海洋的屏障也在消失。当"卡特里娜"飓风来袭之后，由于缺乏海岸湿地作为缓冲地带，多年辛苦修筑的防洪堤在滔天潮水面前不堪一击，最后酿成了美国历史上最严重的一次自然灾害，市内 80% 的地区被水淹没，1300 多人死亡，经济损失接近 1000 亿美元①。

二　制度体系的系统性匮乏

生态文明建设是一项综合性系统工程，不仅涉及经济、政治、社会和文化体制与观念的深层变革，而且要求其构成要素实现整体性的均衡发展。制度是生态文明建设主要实现方式，现代国家的生态治理都是通过制度的治理。这就要求生态文明制度体系要具有系统性，既能确保生态文明建设与其他文明建设的协同发展，也能够实现其构成要素的协同发展。现有生态文明制度体系虽然基本涵盖了生态文明建设的主要内容，但是就其系统而言还存在不足。首先，生态与经济社会发展决策的分离，生态文明建设与其他文明建设被割裂，进而导致了严重的生态灾难和危机。其次，环境保护和生态资源开发利用的分割，出现了"九龙治水"的混乱局面，生态文明建设的合力难以形成。最后，程序性制度严重滞后于实体性制度，呈现出"重实体、轻程序"的局面。

1. 生态与经济社会发展决策的分离

生态文明建设是一个综合性系统，生态问题的发生与经济、政治、社会和文化等社会活动有着直接的关系。除去自然灾害，生态危机的产生就是由人类社会发展所导致，其中政府决策不当甚至失误是环境污染最为直接的作用力，而究其根源就在于发展政策的制定、发展计划的形成以及重大行动的拟订过程中对生态系统的关照不够。因此，在源头上将生态文明建设的理念、原则融入和统领到经济社会发展的相关决策中就成为生态文明建设制度设计的应有之义，即实现生态与发展的综合决策。

联合国《21 世纪议程》中就提出"将环境与发展问题纳入决策进

---

① 《湿地正在蒸发的人类家园》，http：//www. cnwm. org/jy. do? op = details&id = 355，2010 - 12 - 16。

程"（Integration of Environmentand Development in Decision making）"①，《中国 21 世纪议程》也提出要"改革体制建立有利于可持续发展的综合决策机制"。实现生态与发展综合决策就是实现人口、资源、环境与经济协调、持续发展这一基本原则在决策层次上的具体化和制度化。通过对各级政府和有关部门及其领导的决策内容、程序和方式提出具有法律约束力的明确要求，可以确保在决策的源头（即拟订阶段）将生态文明建设的各项要求纳入有关的发展政策、规划和计划中去，实现发展与生态发展的一体化②。但是在现有的生态文明建设制度规范之中并没有完善的生态与发展综合决策的制度。

1989 年版的《环境保护法》只在第四条规定，"国家制定的环境保护规划必须纳入国民经济和社会发展计划，国家采取有利于环境保护的经济、技术政策和措施，使环境保护工作同经济建设和社会发展相协调"③。但是还只是一种理念的宣誓和倡导，属于原则性规范，因而并不具有直接的法律约束力。同时也缺乏相应的具体性、可操作的类似于实施细则性的制度规范予以支持，使得生态与发展综合决策停留在法律原则的理念层面。

环境影响评价制度的不健全是阻碍生态与发展综合决策实现的一个主要的制度性因素。环境影响评价是进行综合决策的主要参考依据，是生态与发展综合决策的基础性制度。环境影响评价是指对规划和建设项目实施后可能造成的环境影响进行分析、预测和评估，提出预防或者减轻不良环境影响的对策和措施，进行跟踪监测的方法与制度④。现行的《环境影响评价法》仅将环境影响评价限定于规划和建设项目，不仅没有涉及对经济社会发展发挥主要决策作用的政策环境评价作出规定，而且将规划的环境评价也限制于"土地利用的有关规划，区域、流域、海域的建设、开

---

① 王曦：《建立环境与发展综合决策机制　实施可持续发展战略》，《经济界》2003 年第 5 期，第 26—27 页。

② 同上。

③ 《环境保护法》，http：//www. chinalawinfo. com，1989 - 12 - 26。

④ 《中华人民共和国环境影响评价法》，http：//news. xinhuanet. com/zhengfu/2002 - 10/29/content_ 611415. htm，2002 - 10 - 29。

发利用规划"①，对我国综合规划中地位最高、作用最大的"国民经济和
社会发展计划"也没有纳入其中。

　　"国民经济和社会发展计划"的具体实施部门是国家发展和改革委员
会，其在计划编制的过程中主要关注的是经济指标，而对生态指标的考虑
十分有限。目前正在进行"十三五"规划的编制工作，虽然党和国家将
生态文明建设作为社会主义建设的重要组成部分，统领整个社会建设，但
是由于缺乏可操作性的实施细则而难以显示其统领的目标。在规划评价的
实际操作中，生态文明建设对综合性规划的重要性还不如社会稳定。基于
现实的需要，目前政府决策规划中会将社会稳定评价作为必须的前置，以
避免引起社会冲突。

　　在《环境影响评价法》适用的环境评价中还存在环评机构专业性和
独立性缺乏、环评的社会参与度较低、环评信息公开有限等问题。2014
年修订的《环境保护法》在原有的环境影响评价制度基础上，在第十八
条、第十九条将环境影响评价的范围扩大到了开发利用规划，明确禁止了
"未评先建行为"②，在一定程度上完善了环境评价制度，但是还需要更为
具体的操作细则。

　　2. 环境与资源要素的分割治理

　　生态系统是由不同的生态要素组成的，不同的生态要素之间相互联
系、相互作用。但是生态管理体制脱胎于计划经济体制，延续了条块分割
的管理方式，把生态管理的职能根据生态要素分割为不同的部门管理，没
有整体性的综合管理机构和整体性的制度规范，在日常管理中主要依据部
门立法。单项性的部门立法往往是出于单一的生态要素管理的目的，而且
其中必然会受制于官僚机制的部门利益的左右，不可能形成生态的整体性
治理。这形成了生态文明建设中依赖单项性的技术性制度治理，而忽视综
合性治理的"路径依赖"。

　　中央行政机关中具有生态管理职能的部门大致可以分为环保职能部门

---

①　《中华人民共和国环境影响评价法》，http：//news. xinhuanet. com/zhengfu/2002 - 10/29/
content_ 611415. htm，2002 - 10 - 29。

②　全国人大常委会：《中华人民共和国环境保护法》，http：//www. npc. gov. cn/huiyi/lfzt/
hjbhfxzaca/2014 - 04/25/content_ 18613 20. htm，2014 - 04 - 25。

（环境保护部）、资源管理部门（水利部、国土资源部、国家林业局、国家海洋局等）、综合协调部门（国家发展和改革委员会、财政部、农业部等）三种类型（见表4—1）。环境保护部门负责环境保护与污染防治，而生态资源则分别由水利、国土、林业、大气、海洋等部门管理。这种情形被称为"九龙治水"。此外还有国家发展和改革委员会负责全国范围内的公共资源统筹、规划与配置。分割治理导致本应整体性的生态文明建设被专业化的官僚机构所割裂，政府的生态管理职能被分割若干部门，使得环境保护职能、生态资源开发与建设职能、生态规划职能分割运行，部门之间分工有余、合作不足。《环境保护法》第十条规定："国务院环境保护主管部门，对全国环境保护工作实施统一监督管理"，明确了环境保护主管部门的统一监督管理职权，为实施生态的统一监督管理奠定了制度基础，但是在实践中，一方面，环保部门并未获得相应的"统管"、协调的权力，即环保部门与其他部门行政等级相同，无权进行指导与监管；另一方面，不同的生态部门法赋予各自资源管理部门主管地位，如《草原法》第八条第一款规定："国务院草原行政主管部门主管全国草原监督管理工作。"[①] 这种分割治理的生态管理体制将具有全局性、战略性和根本性的生态文明建设事业简化为单纯的环境保护工作。

表4—1　　　　　　　　　　　　生态机构概况

部门	主要职责
环境保护部门	行政管理职能：重大环境问题的统筹协调和监督管理，环境污染和环境破坏预防、控制和监督管理，生态保护工作指导、协调、监督 核安全和辐射安全的监督管理资产管理职能：排污权交易
水利部门	行政管理职能：水资源统一规划和管理，水资源保护和水土保持的规划和管理 资产管理职能：取水许可管理和水资源费征收管理，水价管理，水权交易

① 《中华人民共和国草原法》，http://www.gov.cn/fwxx/content_ 2265097. htm，2013 - 05 - 14。

续表

部门	主要职责
国土资源部门	行政管理职能：土地用途管理和耕地保护（特别是基本农田保护），地质勘探、采矿、选矿等开发活动的监督管理，地质环境保护和矿山生态环境修复等 资产管理职能：国有和集体土地产权登记与证书核发，集体土地征收，建设用地出让转让，探矿权、采矿权登记和证书核发，探矿权、采矿权的出让和转让
发展与改革部门	行政管理职能：区域规划和管理，主体功能区规划和管理，循环经济发展、气候变化应对、节能减排等方面的规划和政策实施，土地、资源环境保护等规划编制的协调和审查管理 资产管理职能：资源价格管理、碳权交易
林业部门	行政管理职能：森林湿地生态系统和野生动植物保护和管理、沙漠化防治等 资产管理职能：林权登记和核发、农村林地承包经营合同管理、国有领地和森林资源管理
海洋部门	行政管理职能：海洋功能区划、海域使用、海岛保护和海洋环境调查、监测、监督管理，以及海洋资源保护、海洋工程污染防治 资产管理职能：海域使用权登记和核发证书，海域使用权审批和出让，海域使用金征收和管理；无居住海岛使用权出让，使用金征收管理
建设部门	行政管理职能：污水处理厂、垃圾处理厂等城市环境基础实施规划、建设和管理，建筑和工程施工环境污染防治，风景名胜区管理 资产管理职能：房地产登记（正在转归国土资源部门），制定自来水水价和污水处理费
农业部门	行政管理职能：耕地保护，农业生态环境监测和管理，农业生态文明建设和农业废弃物循环利用，草原生态和水生态系统保护 资产管理职能：农村土地承包经营合同管理，渔业资源管理
交通部门	行政管理职能：铁路机车、机动车船、民用航空器的环境污染 资产管理职能：道路工程用地征收管理

资料来源：《2014 中国可持续发展报告》。

3. 程序性制度建设滞后

改革开放以来，先后制定了《民法通则》《物权法》《侵权责任法》《刑法》等基本法律，设置了一系列有关环境和资源保护的法律规定。《民法通则》《物权法》对自然资源的所有权和其他用益物权做出了较为具体的规定，为保护自然资源的财产权和保障自然资源的合理利用制定了基本的法律规范。《刑法》以专章的形式规定了"破坏环境资源保护罪"。自1979年出台第一部环境保护法以来，已颁布实施了《环境保护法》《环境影响评价法》《循环经济促进法》等10部环境保护法律，《土地管理法》《森林法》《水法》《草原法》等20部自然资源管理法，30多部生态环境和资源保护建设的行政法规以及30多部与可持续发展相关的其他法律和行政法规，数百项各类国家和地方性环境标准。环境保护制度已经形成了一个完整的架构，具体包括三大政策八项制度，即"预防为主，防治结合""谁污染，谁治理""强化环境管理"这三项政策和"环境影响评价""三同时""排污收费""环境保护目标责任""城市环境综合整治定量考核""排污申请登记与许可证""限期治理""集中控制"八项制度。总体而言，目前初步形成了环境保护和资源开发利用的制度体系，在某些领域也代表世界先进的水平，而且立法速度之快也是世界少见。但是环保法律体系的建立并没有对环境保护工作产生显著的促进作用，这些法律没有得到有效执行，环境污染不断加剧，生态状况持续恶化，自然资源遭到严重破坏。究其原因，很大程度是制度设计中缺乏程序性。

程序性的制度设计缺失体现在对行政机关执法的程序性规定缺乏。目前的生态行政制度偏重于静态的生态文明建设制度创设，忽视生态行政程序对生态文明建设制度实施的动态调整价值，执法程序规定比较抽象，没有明确、具体、统一的程序规定。既影响行政法律的执行效果，也导致行政相对程序性权利的丧失。程序性制度缺失的另一个方面是对生态权益的救济程序不够完善。没有救济，就没有权利。《环境保护法》规定，环境侵权民事纠纷解决有两种诉讼程序，根据当事人的请求由环境保护监督管理部门处理的行政处理和由当事人直接向人民法院起诉，人民法院审理的民事诉讼程序，诉讼是环境污染民事纠纷最终的解决程序。但是由于环境侵权诉讼程序设计存在侵权责任构成、举证责任规定不清、赔偿标准模糊等问题，公民个人的生态侵权诉讼举步维艰。据统计，由于司法救济渠道不畅，地方法院环境污染侵权纠纷占环境纠纷案件的不到1%，大量的环境纠纷采用投诉、信访等非诉讼渠道①。

三 生态系统的失衡

我国地理地质环境复杂多样，不适合人类居住的国土比重偏高，自然生态条件相对恶劣。占52%国土面积的是干旱、半干旱地区，90%的可利用天然草原存在不同程度的退化，沙化、盐碱化等中度以上明显退化的草原面积约占半数。极度脆弱的自然环境给中国生态环境建设与保护带来巨大的挑战。而自然资源占有量也极为低下：人均淡水、耕地、森林资源占有量分别为世界平均水平的28%、40%和25%；石油、铁矿石、铜等重要矿产资源的人均可采储量，分别为世界人均水平的7.7%、17%、17%；大部分自然资源、能源主要分布在地理、生态环境恶劣的西部地区，开采、利用与保护的成本高。与此同时，我国还是世界上自然灾害最严重的国家之一，灾害种类多、分布地域广、发生频率高，对人民生命财产安全和经济社会发展构成重大威胁②。而改革开放以来粗放式的经济发展模式重蹈了西方国家"先污染后治理"的老路，导致大量的生态问题在短时间内迅速积累并集中爆发，形成了区域性、流域性的污染格局，同时还面临战略性资源能源长期紧缺的挑战，资源环境问题已经达到了有史以来最为严峻、最为复杂的程度③。

大气污染是生态系统失衡最为显著的表现形式，备受公众关注。空气污染已经成为公共健康的主要威胁和全球最大的单一环境健康风险。短周期空气污染物不但使空气质量变差，而且会引发呼吸道和心脑血管疾病，经济建设和生态系统也会受到严重影响。目前大气污染已经形成跨行政区复合污染的格局，大气污染的特征也由传统的烟煤型向复合型转变，以PM2.5为主的区域性大气细颗粒物污染及其形成的长时间雾霾天气已经

---

① 陈美治：《环境污染侵权救济的制度完善》，《人民司法》2014年第17期，第38—43页。

② 《中华人民共和国可持续发展报告》，http://dqs.ndrc.gov.cn/zttp/lhgkcxdh/zgjz/201206/P020120612570378221135.pdf，2012-06-13。

③ 中国科学院可持续发展战略研究组：《2014中国可持续发展战略报告》，科学出版社2014年版，第17—141页。

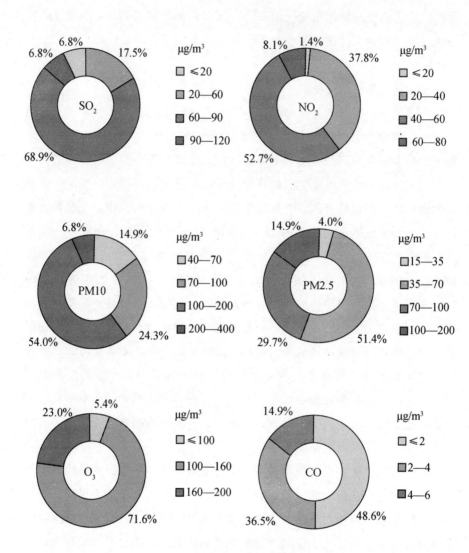

图4—1 2013 年新标准第一阶段监测实施城市
各指标不同浓度区间城市比例

资料来源:《2013 中国环境状况公报》。

成为常态。根据北京市环保局公布的 2013 年全年空气质量状况,2013 年
全年北京市空气污染天数共计 189 天,占全年总天数的 51.8%,重度污
染天数达到 58 天。2013 年全国平均雾霾天气日数较常年同期增长了 2.3

天，为自 1961 年以来雾霾天数最多的一年①。2013 年，京津冀、长三角、珠三角等重点区域及直辖市、省会城市和计划单列市共 74 个城市按照新标准开展监测，依据《环境空气质量标准》2013 年新标准第一阶段监测实施城市各指标不同浓度区间城市比例（GB 3095—2012）对 SO_2、NO_2、PM10、PM2.5 年均值，CO 日均值和 O_3 日最大 8 小时均值进行评价，74 个城市中仅海口、舟山和拉萨 3 个城市空气质量达标，占 4.1%；超标城市比例为 95.9%。空气质量相对较好的前 10 位城市是海口、舟山、拉萨、福州、惠州、珠海、深圳、厦门、丽水和贵阳；空气质量相对较差的前 10 位城市是邢台、石家庄、邯郸、唐山、保定、济南、衡水、西安、廊坊和郑州②。中东部地区雾霾频发，华北中南部至江南北部的大部分地区雾霾日数范围为 50—100 天，部分地区超过 100 天。李克强总理在 2014 年 2 月的国务院常务会议上指出，"要打一场治理雾霾的攻坚战、持久战"③。有学者推算，要使各大城市的大气 PM2.5 浓度达到国家标准，所需时间大致在 10—20 年④。

水污染是生态系统失衡又一表现形式。水污染早已超越了局部和"点源"的范围，发展成为流域性污染问题。2013 年，十大水系中珠江流域、西北诸河、西南诸河水质为优；长江流域、浙闽片河流总体良好，Ⅰ—Ⅲ类水体占比分别为 85.6%、83.3%，但是螳螂川云南昆明段、府河四川成都段和釜溪河四川自贡段为重度污染；海河流域为重度污染，劣 Ⅴ类水质断面比例达到 39.1%；黄河、松花江、淮河和辽河流域为轻度污染，但是支流污染严重⑤。水污染的另一个重点是地下水。2013 年，地下水环境质量的监测点总数为 4778 个，其中国家级监测点 800 个。水质

① 谢丹、安焱家：《雾霾经济学：雾霾突袭光伏电站》，http：//www.infzm.com/content/98863，2014 - 03 - 13。

② 《2013 中国环境状况公报》，http：//www.gzhjbh.gov.cn/dtyw/tt/gndttt/69402.shtml，2013 - 06 - 04。

③ 《李克强：要打一场治理雾霾的攻坚战、持久战》，http：//www.chinanews.com/gn/2014/02 - 28/5897886.shtml，2014 - 02 - 28。

④ 《中华人民共和国可持续发展报告》，http：//dqs.ndrc.gov.cn/zttp/lhgkcxdh/zgjz/201206/P020120612570378221135.pdf，2012 - 06 - 13。

⑤ 《2013 中国环境状况公报》，http：//www.gzhjbh.gov.cn/dtyw/tt/gndttt/69402.shtml，2013 - 06 - 04。

优良的监测点占 10.4%，良好的监测点占 26.9%，较好的监测点占
3.1%，较差的监测点占 43.9%，极差的监测点占 15.7%，水质较差和极
差的比例合计占 59.6%，水质优良的占 10.4%。主要超标指标为总硬度、
铁、锰、溶解性总固体、"三氮"（亚硝酸盐、硝酸盐和氨氮）、硫酸盐、
氟化物、氯化物等①。

由于处于经济社会发展的转型期，常规污染问题与新型的环境污染问
题叠加出现，集中爆发，如挥发性有机物、持久性有机化合物、有毒有害
污染物、超低污染、汞污染、电子垃圾等。据统计，我国每年人为原因的
大气汞排放达 500—700 吨，是全球最大的汞排放国，挥发性有机化合物
排放量也是世界第一。

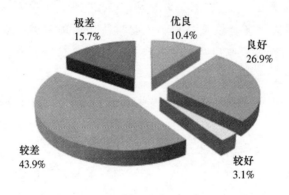

图 4—2　2013 年地下水监测点水质状况

资料来源：《2013 中国环境状况公报》。

第三节　生态文明建设要素协同发展的着力点

《改革决定》提出，要"建立系统完整的生态文明建设制度体系，用
制度保护生态环境"②。这是新时期生态文明建设的指导思想，其内涵就

① 《2013 中国环境状况公报》，http：//www. gzhjbh. gov. cn/dtyw/tt/gndttt/69402. shtml，
2013－06－04。

② 新华社：《中共中央关于全面深化改革若干重大问题的决定》，http：//news. xinhua-
net. com/politics/2013－11/15/c_ 118164235. htm，2014－05－27。

是要通过制度建设实现生态文明建设体系和治理能力的现代化。在这一背景下，实现生态文明建设内部协同的核心在于制度建设。通过制定推进生态文明建设的制度体系建设的有效战略、实施步骤和支持政策，实现生态文明建设内部系统的有机整合、高效运转。

一　完善制度体系建设驱动要素协同发展

1. 制度建设有助于引领和重塑社会的价值理念

制度的规范功能主要就是使人能够对自己的行为产生一个明确的预期，进而影响人们的行为选择。制度的预测作用是指人们根据制度可以预先估计人们相互间将做出的行为以及行为的后果等，从而对自己的行为作出合理的安排。预测作用的对象是人们的相互行为。通过行为预期的产生，形成一种个体心理的倾向，然后在社会交往中把个体的理念和思维扩散，进而对具体的制度规范及其所蕴藏的理念价值产生认同，促使一种存在于个人身体之外的行为、思想和感觉的形成。此外，特定制度所包含的社会价值具有伦理教化作用。制度所预设的伦理、价值观念，直接决定着社会的整体伦理状况或精神文明发展的方向。制度以这样的机理来影响和塑造社会的价值理念。宣传教育也是重塑价值理念的重要方式之一，通过对人们思维观念潜移默化的影响促使其价值观念发生变化。但是这一方式的作用周期较长，而生态文明建设又是一个极具现实性的命题，因此当下对生态价值重塑主要依托于制度建设。

2. 制度建设是生态文明建设制度体系核心内容

生态文明建设制度体系是一个兼具系统性、整体性、协同性的制度体系，而且生态还是一个事关经济、社会、组织的综合性问题，生态文明建设制度体系作用的发挥还要和经济、政治等领域的制度改革统筹推进。现有的生态文明建设制度体系还停留在环境保护和污染防治的阶段，以单项技术性的解决方案为主，既没有做到综合性治理，也没有实现与经济、政治、社会和文化的协同治理。制度的规范、监督、约束等保障生态文明建设的作用价值没有得到充分发挥，生态环境失衡，制度的权威性和严肃性也受到影响。十八届三中全会提出建设生态文明建设制度体系、把生态文明建设纳入制度化轨道的决定。

因此，生态文明建设要实现更为全面、科学、系统的制度创新，其关键是法律法规的修订。《改革决定》提出的生态文明建设制度创新几乎囊括了所有的生态资源法律部门，目的就是要将生态文明建设的价值理念融入具体的制度安排之中，以此构建完整的生态文明建设制度体系，保障生态文明建设的有序推进。

3. 制度建设是生态系统有序发展的保障

生态的破坏和环境污染等生态失序发展的局面的出现根源于生态价值的缺失和制度建设的滞后。片面的价值理念使人类社会无视或者轻视生态系统对人类社会所具有的完整价值以及生态系统自身运行的价值，使得生态沦落为人类发展的"水龙头"和"污水池"。制度建设也受制于这种片面的价值理念，没有为生态系统良好发展提供充分制度保障，人类对自然的无序开发和利用行为并没有得到充分的约束。因此，生态系统的无序发展是价值理念和制度建设缺失共同作用所导致。而生态价值的重塑也主要依赖于制度建设，因此，生态系统的良好发展的关键所在也将是制度建设。

二　构建综合性制度体系

构建综合性的生态文明建设制度体系是确保生态文明建设顺利、持续推进的根本保障。综合性的生态文明建设制度体系主要体现在三个方面。其一，内容的综合性，即生态文明建设制度体系要涵盖生态文明建设的不同层面和所有要素。其二，实体和程序的综合，即生态文明建设制度体系尤其是生态法律体系不仅要对实体性权利作出明确的规定，还要对权利实现的程序性规范作出规定。其三，制度类型的综合，即生态文明建设的制度体系建设既要对传统的硬性制度规范予以重视，更要对软性制度规范予以高度关注。

1. 内容的综合性

综合性的生态文明建设制度体系涵盖污染防治、资源和生态保护、经济社会领域的生态环境保护，包括法律、管理体制和关键制度（见表4—2）。

表4—2　　　　　　　　综合性的生态文明建设制度体系

制度安排 领域	主要法律	管理体制	关键制度
污染防治	《环境保护法》 《海洋环境保护法》 《环境影响评价法》 《大气污染防治法》 《水污染防治法》 《固体废弃物污染环境防治法》 《环境噪声污染防治法》 《土壤污染防治法》 《核安全法》 《有毒有害物质污染控制法》	环境保护管理体制	排污总量控制制度 排污权（许可证）制度 绿色政绩考核制度 环境责任追究制度 特许污染治理制度 环境信息公开制度 公众参与制度 环境税制度
资源和生态保护	《野生动物保护法》 《水土保持法》 《水法》 《森林法》 《草原法》 《土地管理法》 《自然保护地法》 《矿产资源法》 《渔业法》	自然资源资产管理体制 自然资源监管体制 生态保护管理体制	自然资源资产产权制度 自然资产产权交易制度 资源有偿使用制度 空间规划和用途管理制度 资源税制度 自然保护区管理制度 生态补偿制度 特许保护制度
经济社会领域中的生态保护	《清洁生产促进法》 《循环经济促进法》 《节约能源法》 《可再生能源法》 《城乡规划法》	能源和应对气候变化管理体制	合同能源管理制度 煤炭总量控制制度 碳排放总量控制制度 碳排放权交易制度 政府绿色采购制度 绿色投融资机制

资料来源：《生态法原理》《中国可持续发展报告》。

综合性的生态文明建设制度体系首先要求有一部综合性的《生态法》，作为调整人类在保护自然环境、合理开发利用自然资源、防治环境污染、保护自然人和法人的生态权利和合法利益方面的系统法律规范①。现行的《环境保护法》是生态领域的主要规范，专注于环境污染防治。但是由于是由全国人大常委会制定，不属于基本法的范畴，法律位阶偏低，决定了《环境保护法》目前还不可能成为生态领域的基本法。因此，完善生态文明建设制度体系迫切需要全国人民代表大会制定一部专门性的生态文明建设的基本法，作为生态文明建设制度体系的纲领性文件。

其次，制度体系的综合性体现在治理的对象能涵盖所有的生态要素，包括动物、植物、微生物、土地、矿物、海洋、河流、阳光、大气、水等天然物质要素，以及地面、地下的各种建筑物和相关设施等人工物质要素。污染防治是生态文明建设的最主要的任务，也是目前生态文明建设的主战场，但目前只有《大气污染防治法》《土壤污染防治法》《核安全法》《有毒有害物质污染控制法》等专项法律出台，还有许多生态要素没有专门的法律制度予以保护。而且各个专项法律滞后，难以适应现实的发展。《大气污染防治法》是1987年公布，2000年九届全国人大常委会修订；《水污染防治法》是1984年公布，1996年全国人大常委会修订；《固体废物污染环境防治法》是1995年公布，2004年全国人大常委会修订；《环境噪声污染防治法》是1996年公布；《海洋环境保护法》是1982年公布，1999年修订。以《大气污染防治法》为例，2000年修订时主要是针对当时大气污染以煤烟型污染为主的局面，没有涉及区域联防联控的内容，所以难以适应目前区域性和复合型为特点的大气污染新形势，而且50万元罚款上限的违法责任规定，使守法成本和违法成本倒挂，加之对大气污染防治职能规定不清（机动车管理职能涉及环保、公安、工业、交通、质检等13个部门），让该法遇到执法困境。

最后，制度体系的综合性体现在对政府、市场和社会多元参与的生态文明建设模式做出系统性规定。生态文明建设是一场史无前例的经济、社会和文化体制与观念的深层变革，需要动员各方主体参与其中。西方国家生态治理的实践表明单纯依靠市场或政府都难以实现对生态问题的良好治

---

① 曹明德：《生态法基本原理》，人民出版社 2002 年版，第 176 页。

理，因而构建了政府、市场和社会多元主体治理模式。但是我国目前生态文明建设的制度体系规范主要集中于政府治理，对市场和社会多元参与治理的规定不足。以节能减排为例，节能减排依照国际经验必须政府管制和市场调节有机结合才可能实现预定目标。但我国节能减排主要依赖行政性排污总量控制制度，《环境保护法》中尚未作出关于实行污染物排放总量控制的规定。具有市场治理性质的排污权（许可证）制度从 2007 年以来，国务院有关部门组织天津、河北、内蒙古等 11 个省（区、市）开展排污权有偿使用和交易试点，取得了一定进展，但是缺乏明确的法律规范导致排污权交易市场发展缓慢①。因此，完善生态文明制度体系建设必须要关注由政府、市场和社会共同参与的机制构建，综合各方力量，实现生态问题的参与共治。

　　2. 实体与程序并重

　　实体和程序的综合是综合性的生态文明建设的制度体系建设的另一个层面。实体性法律规范是以规定和确认权利与义务为主的法律。程序性法律规范是指以保证权利和义务得以实现或职权职责得以履行的有关程序为主的法律。"重实体、轻程序"的观念一直左右着法治建设，使得在法治建设中注重实体权利义务的创设，而忽视权利义务实现的程序性规范。在立法理念中就表现为实体正义高于程序正义，没有将程序的公正、合理性视为与法律裁判结果的公正、合理性具有同等重要的价值和意义。生态文明建设的制度体系建设也受此影响，关注于生态权利（管理权力）的创设，而对权利的救济机制和权力的执行机制涉及较少，尤其是忽视了诉讼程序性规定（如环境公益诉讼的高额索赔可以提高其污染成本）。与传统的法律关系相比，生态法律领域缺少与《民事诉讼法》《行政诉讼法》《刑事诉讼法》相似的《生态诉讼法》等程序性法律规范。这导致生态权益主体难以获得相应的权利救济，在司法实践中出现了环境诉讼的"零受理"现象。

　　2015 年开始实施的《环境保护法》做出了有益的尝试。首次对环境公益诉讼作出了规定，其中第五十八条规定，公益诉讼的符合条件扩大为

---

　　① 宋玉丽：《排污权交易存在的三大问题》，http://news.h2o-china.com/html/2014/09/130779_1.shtml，2014-09-12。

社会组织"依法在设区的市级以上人民政府民政部门登记"和"专门从事环境保护公益活动连续五年以上且无违法记录"，且"提起诉讼的社会组织不得通过诉讼牟取经济利益"①，放开了社会组织的诉讼权，目前符合诉讼资格的公益诉讼主体超过 300 家。但是这一规定只是对环境公益诉讼的诉权主体资格作出的规定，并没有结合生态问题的特殊性对诉讼的具体程序作出规定，而且还存在主体限制过严的问题。因此，从长远着眼，要适时地制定《生态诉讼法》作为生态权益的程序性规范的基本法律文件，保障公民的生态权益。

生态程序性制度还包括生态行政权力运行的规定。生态文明建设主体是生态行政治理，因此生态行政权力的运行程序也是生态文明建设制度建设的主要内容。这也是被忽视的一个方面，与我国整体的行政法治现状紧密相关。因为行政程序立法还处于起步阶段，尚无《行政程序法》，在地方层面只有 2008 年公布实施的《湖南省行政程序规定》和 2011 年公布、2012 年实施的《山东省行政程序规定》等少数地方行政程序立法。行政程序立法是现代化的生态文明建设制度不可或缺的一环，能够控制公共权力滥用，保护公民的基本权利和自由，规范行政行为、规范和简化行政程序、提高行政效率。完善生态文明建设的制度体系建设要对生态行政作出翔实的程序性规定，以有效地规范生态行政机关履行生态治理职能，确保法律主体的生态权益得以实现。

3. 软法和硬法的结合

软法和硬法的综合是生态文明建设的制度体系建设的一个重要内容。以往对生态文明制度体系建设关注较多的是国家立法机关制定或者认可的制度规范，有国家强制力保障实施。这种制度规范被称作软法，是生态文明制度体系最初的也是最主要的形态，规定了生态文明建设的基本原则，形成了生态文明建设的基本架构。

软法（soft law）是与硬法（hard law）相对的一个概念，是由相关组织制定或认可的，主要非国家强制力实现的行为规则。软法的兴起主要始于 20 世纪中后期传统的国家管理模式的式微，公共管理领域出现了"从

① 全国人大常委会：《中华人民共和国环境保护法》，http://www.npc.gov.cn/huiyi/lfzt/hjbhfxzaca/2014-04/25/content_18613 20.htm，2014-04-25。

管制到治理"的转型。与侧重平等协商、参与互动的治理理念相一致的软法开始在公共治理领域兴起。国外发达国家的公共治理实践中，软法承担着重要的制度供给职能。

生态文明建设的制度体系建设既需要考虑科技水平的发展程度，又要与经济发展的水平相适应，还要考虑应对环境危机的突发性。这无疑增加了以硬法为主的传统立法的难度和变数，对传统法律的被动型属性提出了挑战。

美国1970年生效的《国家环境政策法》宣告一种新的法律类型的形成。该法共计26条且绝大部分是软法规范（伦理性规范、授权性规范、义务性规范），主要涉及联邦政府与州政府在环境保护方面的分权协作。该法确立了环境政策法的地位、环境影响评价制度以及国家环境保护的责任等方面。目前全世界有大约80多个国家以此为模板展开生态立法。软法成为现代国家生态文明建设重要的制度构成，拓展生态治理法治化的疆域，在实践中发挥了重要的作用。软法创设政治性责任以有效弥补传统法律责任在生态文明建设中的不足。因此，软法要纳入法治体系的范畴，与传统的硬法实现有效衔接，确保提供完善的生态文明建设制度保障体系。

三　突破制度体系的重点领域

十八届三中全会《决定》明确了生态文明建设的制度体系建设的关键领域和任务，从体制改革和重大制度安排着眼确定了四个方面作为突破点：健全自然资源资产产权制度和用途管制制度、划定生态保护红线、实行资源有偿使用制度、生态补偿制度和改革生态环境保护管理体制。通过建立系统完整的生态文明建设制度体系，实行最严格的源头保护制度、损害赔偿制度、责任追究制度，完善环境治理和生态修复制度，用制度保护生态环境。

1. 自然资源资产管理

自然资源的资产产权在《宪法》《物权法》以及各个专项的资源法律文件中有所体现，确立了自然资源国家所有和集体所有多种形式的使用权制度，确立了国家所有权由国务院代理的规定，对各类资源普遍确立了不动产登记制度和资源有偿使用制度，在土地、矿产等领域引入比较完整的资源出让和转让市场交易制度，初步形成了自然资源资产产权制度体系。

但制度规范原则较强，出现了产权归属不清和权责不明的情形。自然资源资产的统一登记刚刚起步，资产核算和监管体系尚未建立，独立、完整的自然资源资产管理体系尚未形成。资源产权制度的完善要对水流、森林、山岭、草原、荒地、滩涂等自然生态空间进行统一确权登记，形成归属清晰、权责明确、监管有效的自然资源资产产权制度。同时要明确国有自然资源的管理结构和权限，按照统一的国有自然资源管理和经营原则，建立和形成完整的自然资源资产管理体制。

自然资源用途管理就是建立空间规划体系，划定生产、生活、生态空间开发管制界限，落实用途管制。用途管理主要就是按照现行的主体功能区划与各项资源与生态环境法律所规定的规划和功能区划制度、自然保护区制度来确定自然资源的利用方式。目前在自然资源中对土地的用途管理较为详细，《土地管理法》以及土地利用总规划将土地划分为农用地、建设用地和未利用地。自然保护区制度也具有资源用途管理的功能。但资源用途管理还存在较大的问题，资源与生态保护领域的各种规划区划不一致、交叉重叠，统一的国土空间规划尚未形成。问题的根源在于主体功能区划的法律地位不明确，因此，资源用途管理制度的完善主要就是要通过制度的创设和修订，确立主体功能区划的法律地位，建立统一的国土空间规划体系。

资源有偿使用制度和生态补偿制度是资源管理的基本经济制度。现有的制度规范普遍确立了自然资源有偿使用的法律制度，对生态补偿也有一些零散的规定。自然资源的有偿使用主要有三种形式。一是把自然资源纳入交易市场（国有建设用地使用权、探矿权和采矿权），出让或者转让的价格通过市场确定。二是对占有和使用自然资源按照规定收取费用，收费高低同资源的市场价格有直接关系（如水资源、海域使用权）。三是对占有和使用自然资源征收资源税或环境税费。

生态补偿制度是对无法或难以纳入市场的生态系统的服务功能进行经济补偿的制度措施，主要方式是通过对生态系统的服务功能进行核算并通过受益者付费或公共财政补贴方式进行补偿，或者是对保护生态系统而在经济上受损者给予财政补贴[①]。有偿使用的制度一方面覆盖的资源要素并

---

① 《中华人民共和国可持续发展报告》，http://dqs.ndrc.gov.cn/zttp/lhgkcxdh/zgjz/2012 06/P020120612570378221135.pdf，2012 – 06 – 13。

不全面，还有相当部分的资源没有被纳入有偿使用的领域，同时本应该由市场定价的资源依然由政府主导，不能反映市场的供求关系；另一方面，环境资源税费的整体法律规范尚未出台，生态补偿缺乏制度规范的保障。这些因素导致了资源的市场化调解无法实现，通过市场进行环境治理的目的难以完成。

因此，改革的目标就是要加快自然资源及其产品价格改革，坚持使用资源付费，逐步将资源税扩张到各种自然生态空间。同时要大力发展环保市场，推行节能量、碳排放权、排污权、水权交易制度，建立吸引社会资本投入生态环境保护的市场化机制，推行环境污染市场治理。

2. 生态保护红线

生态保护的红线是从国土空间开发限制和资源环境承载力两个方面划定严格的保护界限，为严格控制各类开发活动逾越生态保护红线奠定科学基础。现有的制度规范已有部分体现，如《土地管理法》划定的基本农田保护区、自然保护区制度、《水法》规定的用水总量等。2011 年 6 月发布的《全国主体功能区规划》是生态保护红线的重要依据。但从实施的情况而言，相关规定并没有得到较好的执行，根源在于缺乏系列的制度保障规范。

完善生态保护的红线制度迫切需要架构完整系统的国土空间规划法律，适时地制定和出台《国土规划法》作为生态保护红线的根本法律依据，明确主体功能区的法律约束力，确保严格按照主体功能区规划和相关国土规划的定位实施区域开发和保护。同时要建立资源环境承载能力监测预警机制，对水土资源、环境容量和海洋资源超载区域实行限制性措施；探索编制自然资源资产负债表，对领导干部实行自然资源资产离任审计，建立生态环境损害责任终身追究制。

3. 环保管理体制

环境保护是生态文明建设的主阵地，然而现行环境保护管理体制存在诸多问题，难以形成治理合力，迫切需要进行改革。环境保护管理机制是一种"名条实块"的管理机制，即环境管理名义上是由中央部门自上而下进行垂直管理，但实质上，环境管理工作职责基本上被落实到地方，地方负责具体的环境保护管理，中央负责指导。这种管理体制的问题就是中央和地方在环境保护管理上的对立有余而统一不足，即中央强调环境保护工作的计划性和整体性，而地方环境保护服从于经济发展，结果就是在实践中只要有经济增长上的需要，就牺牲环境保护①。

环保管理体制的改革就是在政府的部门设置中，将那些职能相近、业务范围雷同的事项，相对集中，由一个部门统一进行管理，最大限度地避免政府职能交叉、政出多门、多头管理，从而达到提高行政效率，降低行政成本的目标。核心就在于"职能整合"和"机构重组"，通过职能整合和机构重组，实现执行能力的提升。这就是指向了"环保大部制"的改革，将环境保护相关的职能整合到一个机构中，实现统一管理。改革生态环境保护管理体制主要是建立统一监管所有污染物排放的环境保护管理制度，独立进行环境监管和行政执法。要建立统一监管所有污染物排放的环境保护管理制度，对工业点源、农业面源、交通移动源等全部污染源排放的所有污染物，对大气、土壤、地表水、地下水和海洋等所有纳污介质，加强统一监管②。同时要实行独立而统一的环境监管，健全"统一监管、分工负责"和"国家监察、地方监管、单位负责"的监管体系，有序整合不同领域、不同部门、不同层次的监管力量，有效进行环境监管和行政执法。加强对有关部门和地方政府执行国家环境法律法规和政策的监督，纠正其执行不到位的行为，特别是纠正地方政府对环境保护的不当干预行为。加强环境监察队伍建设，强化环境监督执法，推进联合执法、区域执法、交叉执法等执法机制创新，严厉打击企业违法排污行为。在污染防治、生态保护、核与辐射安全以及环境影响评价、环境执法、环境监测预警等领域和方面，制定科学规范的制度，为实行统一监管和提升执法效能提供保障。此外，改革生态环境保护管理体制还包括建立陆海统筹的生态系统保护修复和污染防治区域联动机制；健全国有林区经营管理体制，推进集体林权制度改革；完善环境信息公布制度，健全举报制度；完善污染物排放许可制，实行企事业单位污染物排放总量控制制度；实行生态环境损害赔偿和责任追究制度等。

---

① 李志青：《生态环境保护管理体制的改革要义》，http：//news. hexun. com/2013 - 11 - 21/159887080. html，2013 - 11 - 21。

② 周生贤：《改革生态环境保护管理体制》，http：//www. zhb. gov. cn/gkml/hbb/qt/201402/t20140210_ 267537. htm，2014 - 02 - 10。

表4—3　　　　　　《改革决定》提出的生态文明建设制度体系

管理体制	管理制度	简要说明
自然资源资产管理	自然资源资产产权制度	对水流、森林、山岭、草原、荒地、滩涂等自然生态空间进行统一确权登记，形成归属清晰、权责明确、监管有效的自然资源资产产权制度。健全国有林区经营管理体制，完善集体林权制度改革
	资源有偿使用制度	加快自然资源及其产品价格改革。坚持使用资源付费，逐步将资源税扩张到各种自然生态空间。建立有效调节工业用地和居住用地合理比价机制
自然资源资产管理	生态补偿制度	坚持谁受益、谁补偿原则，完善对重点生态功能区的生态补偿机制，推动地区间建立横向生态补偿制度
	产权交易制度	晚上污染物排放许可制，推行节能量、碳排放权、排污权、水权交易制度
自然资源行政监管体制	空间规划与用途管制制度	建立空间规划体系划定生产、生活、生态空间开发管制界限，落实用途管制
	生态保护红线	实施主体功能区制度，建立国家公园体制。建立资源环境承载能力监测预警机制，对环境容量等超载区域实行限制措施
	自然资源资产离任审计制度	探索编制自然资源资产负债表，对领导干部实行自然资源资产离任审计
生态环境保护管理体制	独立监管和执法制度	建立和完善严格监管所有污染物排放的环境保护管理制度，独立进行环境监管和行政执法
	环境治理和生态修复制度	建立陆海统筹的生态系统保护修复和污染防治区域联动机制
	政府购买第三方服务和特许保护制度	建立吸引社会资本投入生态环境保护的市场化机制，推行环境污染第三方治理
	环境举报制度	及时公布环境信息，健全举报制度，加强社会监督
	环境损害赔偿制度	对造成生态环境损害的责任者严格实行赔偿制度，依法追究
	企事业单位排污总量控制制度	实行企事业单位污染物排放总量控制
	环境损害责任终身追究制	建立生态环境损害责任终身追究制

第 五 章

区域协同发展中的生态文明建设

生态的公共属性决定了生态文明建设的整体性、全局性，在空间的维度上就体现为各个区域的协同推进。十八大报告指出，国土是生态文明建设的空间载体，要实现科学有序的发展。生态文明建设目前处于各自为政的状态，是以行政区划为界限的"行政区生态文明建设"，系统性的生态文明建设被行政区划所分割。空间开发无序、区域矛盾和冲突激化是生态环境持续恶化、生态文明建设推进受阻的根源。十八大报告提出，生态文明建设必须要"优化空间开发格局"。因此，"美丽中国梦"的实现必须要在空间维度上实现区域生态文明的协同发展。学界重点关注了协调区域环境保护与污染治理的价值意义、区域协调机制的必要性和构建策略以及国外实践的经验与启示等方面[1][2][3][4]。本书选取省为生态文明建设的区域单位，将区域生态文明建设划分为纵向的中央和地方协同发展与横向的地方政府间协同发展两个方面。依据跨区域生态文明建设主体的博弈分析和现有区域间生态文明建设协同组织的发展状况，参照美国经验，本研究认为跨区域生态文明建设协同发展要通过完善区域生态文明建设协同组织和构建以软法为主的混合法治体系而实现。

---

[1] 杨妍、孙涛：《跨区域环境治理与地方政府合作机制研究》，《中国行政管理》2009 年第 1 期，第 66—69 页。

[2] 马强、秦佩恒、白钰等：《我国跨行政区环境管理协调机制建设的策略研究》，《中国人口资源与环境》2008 年第 5 期，第 133—138 页。

[3] 郝华：《关于我国跨行政区水污染防治的思考》，《环境保护》2003 年第 6 期，第 45—47 页。

[4] 李国平、刘治国：《关于我国跨区环境保育问题的博弈分析》，《系统工程理论与实践》2006 年第 7 期，第 124—128 页。

第一节　纵向的区域生态文明建设的协同发展

传统的生态文明建设在处理跨区域问题时主要是依赖科层体系，通过中央对地方的管制而实现区域生态文明建设的统筹协作。中央政府对地方政府具有监管、奖惩的权限，中央政府会对地方政府的生态文明建设行为产生极大的影响。而地方政府会根据中央政府管制的程度，调整各自的治理行为。中央与地方的协同治理要建立在两者博弈均衡的基础之上。

一　纵向区域生态文明建设主体的博弈分析

纵向区域生态文明建设主体是中央主和地方政府。将中央政府和地方政府生态文明建设的行为假设为积极生态文明建设和消极生态文明建设两种，中央政府进行积极生态文明建设时的社会总成本为 CC_1，进行消极生态文明建设时社会总成本为 CC_2，且 $CC_1 > CC_2$。地方政府进行积极生态文明建设时的社会总成本为 CP_1，进行消极生态文明建设时社会总成本为 CP_2，且 $CP_1 > CP_2$。在中央政府进行积极生态文明建设而地方政府进行消极生态文明建设时，中央政府会对地方政府进行惩罚 F[①]。

表5—1　　　　　中央政府与地方政府生态文明建设的博弈策略

		地方政府	
		积极生态文明建设	消极生态文明建设
中央政府	积极生态文明建设	CC_1，CP_1	CC_2，CP_1
	消极生态文明建设	$CC_1 - F$，$CP_2 + F$	CC_2，CP_2

在完全信息条件下，当中央政府采取积极生态文明建设的行动策略的时候，地方政府行动策略的选择取决于 CP_1 与 $CP_2 + F$ 之间的大小关系。当 $CP_1 > CP_2 + F$，即地方政府进行积极生态文明建设的成本要高于消极生态文明建设的成本加被处罚的总和，那么，出于地方政府理性，地方政

① 陈坤：《从直接管制到民主协商——长江流域水污染防治立法协调与法治环境建设研究》，复旦大学出版社2011年版，第6—21页。

府的最优选择是消极生态文明建设，此时的行动策略就是（积极生态文明建设，消极生态文明建设）。当 $CP_2 + F > CP_1$，即由于中央政府对地方政府生态消极生态文明建设行为的处罚较为严重，使得地方政府进行消极生态文明建设所要付出的社会总成本要高于进行积极生态文明建设的社会总成本，因此在这一情形下地方政府的最优行动策略就是进行积极生态文明建设。从生态文明建设的角度而言，地方政府进行积极的生态文明建设无疑是最好的治理行为。中央政府需要加大对地方政府消极生态文明建设进行处罚的力度，迫使其进行自觉的生态文明建设。

中央政府如果选择消极生态文明建设，由于积极生态文明建设所付出的社会总成本要高于消极生态文明建设所付出的社会成本，即 $CP_1 > CP_2$，则此时的行动策略为双方均选择消极生态文明建设。

在不完全信息条件下，中央政府和地方政府进行生态文明建设行为选择的概率不同，假定中央政府进行积极生态文明建设行为的概率为 N，地方政府进行积极生态文明建设的概率为 n。

当地方政府行为选择策略概率 n 确定时，中央政府进行积极生态文明建设、消极生态文明建设的概率为 $N = 1$，$N = 0$，中央政府的预期收益为：

$$E_1 \ (1, \ n) \ = -CC_1 + \ (1-n) \ (CC_1 - F)$$
$$E_2 \ (0, \ n) \ = -CC_2$$
$$令 E_1 = E_2 - CC_1 + \ (1-n) \ (CC_1 - F) \ = -CC_2$$
$$n^* = \ (F + - CC_2 - CC_1) \ /F$$

通过博弈均衡分析可以得知 $n^* = \ (F + - CC_2 - CC_1) \ /F$ 是达到均衡的临界点：中央政府认为地方政府的治理功率小于 n^* 时，中央政府选择积极生态文明建设是最优选择；反之则实施消极生态文明建设。

从区域生态文明建设协同发展目的出发，中央政府和地方政府必须要同时选择积极生态文明建设的行动策略。而实现这一集体行动的关键就在于"降低行动成本、提高行动收益"，即加大区域政府不作为的责任承担，同时要提高积极生态文明建设的制度激励。中央政府作为生态文明建设理念的提出者、倡导者有足够的积极进行生态文明建设的动力，那么要让地方政府能够积极地进行生态文明建设就必须要通过加大中央政府对地方政府消极生态文明建设的惩处力度，迫使其能够自觉地进行生态文明建设。

二　纵向跨区域生态文明建设的协同组织建设

纵向的生态文明建设协同组织主要有两种形态。一种是传统的科层治理组织，主要是通过中央机关的行政权力实现区域的均衡发展。另一种是新型的央地合作组织，出于特定的项目治理的需要，中央机关和相应的地方政府部门组成府际协调机构而进行合作治理。

1. *科层治理组织*

科层治理组织有四个层次：中央职能部门、部委派出机构、议事协调机构、部际联席会议。

中央职能部门是指具有生态文明建设职责的中央行政机关，包括环保职能部门（环境保护部）、资源管理部门（水利部、国土资源部、国家林业局、国家海洋局等）和综合协调部门（国家发展和改革委员会、财政部、农业部等）。

部委派出机构是职能部门的直属事业单位，目前主要是环保部的华南、西南、东北、西北、华东、华北六大区域督察中心[1]和水利部长江、黄河、淮河、海河、珠江、松辽水利委员会及太湖流域管理局等[2]。

国务院议事协调机构是为了完成某项特殊性或临时性任务而设立的跨部门协调机构，一般不设实体性机构，在特殊或者紧急的情况下，经国务院同意，国务院议事协调机构可以规定临时性的行政管理措施，依据《国务院关于议事协调机构设置的通知》（国发〔2008〕13号），其中具有生态协调职责的机构有全国绿化委员会、国家应对气候变化及节能减排工作领导小组[3]。

---

① 《派出机构》，http：//www. mep. gov. cn/zhxx/jgzn/zsdw/pcjg/，2013 - 05 - 13。

② 《直属单位》，http：//www. mwr. gov. cn/zwzc/jgjs/zsdw/，2013 - 05 - 13。

③ 《国务院议事协调机构设置》，http：//news. xinhuanet. com/politics/2008 - 04/24/content_
8044828. htm，2013 - 05 - 13。

部际联席会议是为了协商办理涉及国务院多个部门职责的事项，由国务院批准建立，各成员单位按照共同商定的工作制度，及时沟通情况，协调不同意见，以推动某项任务顺利落实的工作机制①，是行政机构最高层次的联席会议制度，目前主要是环境保护部际联席会议等。

表5—2 纵向省际生态文明建设协同组织概况

名称	生态职责
环境保护部【国务院组成部门】	负责重大环境问题的统筹协调和监督管理
水利部【国务院组成部门】	负责保障水资源的合理开发利用、水资源保护工作
国土资源部【国务院组成部门】	承担保护与合理利用土地资源、矿产资源、海洋资源等自然资源的责任，拟订国土资源发展规划和战略
国家发展和改革委员会【国务院组成部门】	综合协调可持续发展战略推进，参与编制生态文明建设、环境保护规划，协调生态文明建设、能源资源节约和综合利用的重大问题，综合协调环保产业和清洁生产促进有关工作
林业局【国务院直属机构】	监督管理全国林业生态文明建设，管理全国湿地保护、荒漠化防治工作、野生动植物资源、自然保护区的保护和合理开发利用
国家海洋局【国家局、国土资源部管理】	承担保护海洋环境、海洋环境观测预报和海洋灾害预警的责任
国家气象局	全国范围内的大气监测、预报、灾害防治、规划制定等
长江、黄河、淮河、海河、珠江、松辽水利委员会及太湖流域管理局【直属事业单位】	负责保障流域水资源的合理开发利用、管理和监督，统筹协调流域生活、生产和生态用水、流域水资源保护工作
环境保护部华北、华东、华南、西北、西南、东北督察中心【直属事业单位】	负责跨省区域和流域环境污染与生态破坏案件的投诉、受理、协调处理工作
环境保护部际联席会议	全国范围内以及区域间环境保护工作的部委协调

资料来源：中央政府门户网站。

---

① 中央编办：《部际联席会议》，http://www.scopsr.gov.cn/zlzx/bzcs/201203/t20120326_55622.html，2013 – 05 – 13。

科层治理组织由于有完备的组织体系保障，强效的治理措施，在实现区域生态文明建设协同发展中一直扮演着核心角色。但是，由于科层治理组织固有的弊端，其在实现区域生态文明建设协同发展中尚有诸多不足之处。

第一，资源与环境分割治理，公地悲剧多发。生态管理机构设置实行的是环境保护和生态资源分割管理的体制，即环境保护部负责环境保护与污染防治，而生态资源则分别由水利、国土、林业、大气、海洋等部门管理，因此现行的生态治理体制被称为"九龙治水"（见表5—2）。此外还有国家发展和改革委员会负责全国范围内的公共资源统筹、规划与配置。由于缺乏负责或者协调统一管理生态资源开发、保护、管理的综合机构，环境保护职能、生态资源开发与建设职能、生态规划职能分割运行，部门之间分工有余、合作不足。部门利益导致在全国、区域性生态文明建设中难以达成共识、实现积极有效的集体行动，因而"公地悲剧"的出现成为现行制度设计的必然。

第二，区域性管制机构位阶较低，协同治理效果不佳。中央层级的专门性省际协调机构是由环境保护部设立的区域督察中心和水利部设置的流域管理机构，均是部委的直属事业单位，其职能只是环境保护部与水利部相关部门职能的延伸。以区域环保督察中心为例，其主要职责是监督地方对国家环境政策、法规、标准的执行情况；承办重大环境污染与生态破坏案件的查办工作；承办跨省区域和流域重大环境纠纷的协调处理工作；参与重大、特大突发环境事件应急响应与处理的督查工作；承办或参与环境执法稽查工作；督察重点污染源和国家审批建设项目"三同时"执行情况；督察国家级自然保护区（风景名胜区、森林公园）、国家重要生态功能保护区环境执法情况；负责跨省区域和流域环境污染与生态破坏案件的来访投诉受理和协调工作等①。这些职能均是环保部环境监察局职能的延伸，而且作为事业单位其职能主要是"监督"和"查办"，不具有行政执法权，难以协调区域内各个实体间利益诉求、实现对跨省区域和流域重大

①《环境保护部华北环境保护督查中心》，http：//www. mep. gov. cn/gkml/zzjg/qt/200910/t20091023_ 180885. htm，2013－05－14。

环境事件进行有效处理。

本书认为，应通过法律法规的修订为区域生态文明建设协同发展提供制度保障。其一，就长远而言，必然需要制定一部《生态法》，对生态事务的职能管理架构做出明晰、确定的法律规范，消解《环保法》与其他部门法之间的矛盾，实现生态文明建设主体的"使命、权力与责任"统一，建立起有效的部门间生态文明建设的协调机制。其二，就当下而言，通过国务院制定行政法规，一方面，要提升、强化环境保护部际联席会议和环保部、水利部区域性治理组织的权能，增强其区域生态治理能力。另一方面，可增设一个国务院的议事协调机构，如国家生态文明建设委员会或者国家推进生态文明建设领导小组，并在国务院办公厅增设生态文明建设办公室。这样既可作为日常办事机构也可作为咨询协调机构，以实现全国和省际的生态规划、生态文明建设与开发、环境保护的统一协调，承担部际、省际生态协调职责，为日后生态大部制改革进行实验探索并积累实践经验。

2. 央地合作组织

央地合作组织一般是基于特定生态项目的需要，通过中央与地方政府间的民主协商而进行。与传统的纵向科层治理组织具有极高的相似度，区别是有与地方政府无隶属关系的中央部委机关参与。由于以协商民主为基础，央地合作组织较科层治理组织效果更好。

央地合作组织已有较多的实践，主要分布在大江大河流域（长江、黄河、淮河、珠江、海河等）和国家重大项目工程（南水北调工程）的区域（见表5—3）。

表5—3   央地合作组织概况

名称	成员	主要工作成果
全国环境保护部际联席会议	工业和信息化部、财政部、国土资源部、住房和城乡建设部、水利部和农业部以及专题会议涉及的相关省份	召开海河流域、淮河流域、松花江流域、黄河中上游水污染防治工作专题会议

续表

名称	成员	主要工作成果
长三角地区环境保护合作联席会议	苏、浙、沪、皖环保部门和环境保护部华东督察中心	太湖流域和长江口水污染防治、水源地保护、酸雨和二氧化硫污染防治——《长江三角洲区域环境保护规划》《长江三角洲区域规划生态环境建设与保护专题规划》、长三角区域大气环境保护合作平台、长三角区域机动车污染控制联动方案
淮河流域水污染防治	环境保护部、国家发改委、国土资源部、住房和城乡建设部、水利部、农业部、江苏省、安徽省、山东省、河南省	淮河流域水污染防治——《淮河流域水污染防治规划（2006—2010年）》
南水北调中线工程水源区水资源保护联席会议	水利部长江水利委员会、南水北调中线工程水源区（湖北省十堰市，河南省南阳市，陕西省汉中市、安康市、商洛市）	保护好国家南水北调中线工程水源区的水资源，防治水污染——《南水北调中线工程水源区水资源保护和水污染防治联席会议章程》《确保清水流北方——商洛宣言》
黔桂水资源保护与污染防治协作机制	水利部珠江委员会以及广西和贵州两地水利、环保部门	北盘江及北盘江汇入红水河河段沿线水资源保护和水污染防治力度、协商方式预防、解决跨省（区）的水污染事件引发的水事纠纷——《黔、桂跨省（区）水资源保护和水污染防治协作机制组建方案》
渤海环境保护省部际联席会议	国家发改委（召集人）、环保部、水利部、天津市、河北省、辽宁省、山东省	渤海环境保护总体规划实施，局部海域环境质量状况有所改善，陆源污染物排放开始得到控制

资料来源：相关机构网站。

央地合作组织是国家部委与地方政府一对多、多对一、多对多良性互动的方式，为营造区域间平等协商的网络机制发挥了建设性作用。但由于发展时间较为短暂，同样存在一些不足。央地合作组织也具有科层治理组织存在的问题，即数量有限、覆盖面窄、集中于大江大河流域、治理对象单一（重水资源保护与治理，对土地资源、生物资源以及气候资源等关注不够）、组织结构不完整、治理措施效用有限等问题。除此之外，目前央地合作组织存在的主要问题是参与治理的中央部委机构的权威性问题。

央地合作组织优于科层治理组织之处就在于通过中央部委参与，提升协商对话的权威性，促进跨区域生态文明建设公式的达成。但就目前而言，央地合作组织中中央部委角色实际承担者主要是水利部和环境保护部的派出部门。而流域管理机构和区域督查中心，均属于部委的直属事业单位，行政职级属于司局级，导致在面对省级人民政府或者其组成部门进行协同治理时难以充分发挥中央治理权威。行政职级偏低又无行政执法权限的部委派出机构并不是央地合作组织中最优的中央权威实体，影响区域生态文明建设协同发展的效果。

缘于中央权威的参与，央地合作组织在跨区域的重大生态问题治理中发挥了积极的建设性作用，未来应当为其提供良好的发展空间。

第一，中央机构积极介入，全力支持央地合作组织。由中央部委发起或者召集，在全国尚未有横向治理机构的区域建立综合性的省际生态文明建设协同组织，以弥补既有治理的不足，也可改变环境保护与生态资源开发建设分割治理的行政惯性。中央政府应当在政策规划、制度建设、资金预算、人员配备等方面提供坚实保障。此外，中央政府也应当通过改革政绩考核体系等措施，引导区域政府积极主动参与区域生态文明建设。

第二，强化现存的央地合作组织。关键是提升水利部流域管理机构和环保部区域督查中心的法律地位、扩充组织职能，使其编入国家生态行政序列。并且确实能够作为中央政府或部位的行政代表，授予相应的行政权能，以便于地方政府开展有效的合作治理。

第三，拓展央地合作组织的治理内容。目前央地合作组织的治理内容主要是地表水资源的污染防治，其他生态资源的区域协同治理尚未纳入其中，而且仅关注于污染防治，忽视生态文明建设其他领域的协同。因此，未来央地合作组织的发展应当丰富治理内容，既关注生态资源的整体性治理，同时在生态文明建设的全过程展开广泛的区域协同治理。

区域生态文明建设协同发展的主导模式应当是既注重科层制中央治理权威，尊重区域政府自主性的央地合作组织。这既可以综合两者治理优势，也可实现治理效率和民主治理的统一。

第二节　横向的区域生态文明建设协同发展

横向的区域生态文明建设协同发展是地方政府之间为了实现区域生态文明建设一致的集体行动而自发组建的府际合作治理，主要组织形式是区域环境联席会议。横向的区域生态文明建设协同组织的出现主要是为了克服地方政府在跨区域生态文明建设博弈中难以实现均衡而出现的分割治理现状。横向的区域生态文明建设协同组织的运行主要是基于成员间相互信任、尊重，在政府协商的基础上达成区域生态文明建设共识或协议。

一　地方政府在生态协同发展中的博弈分析

在没有中央政府参与的情况下，假设某一生态区域内存在两个政府主体，分别是 A、B，生态文明建设的成本为 C，生态文明建设的社会收益为 R，该区域生态文明建设的总成本为 C_1（$C_A + C_B$）。当双方同时进行生态文明建设时，社会生态文明建设的总体收益为 R_1（$R_A + R_B$），社会生态文明建设的净收益为 $R_1 - C_1$[①]。

当双方同时进行消极的生态文明建设时，由于政府在生态文明建设中的不作为导致社会公共福利的降低，分别为 r_A、r_B，该区域生态文明建设的社会总收益为 $R_1 - r_1$（$r_A + r_B$）。r_A、r_B 与 C_A、C_B 的关系有两个不同的维度：第一个维度是基于地方政府对短期利益的考量。就生态文明建设现状而言，进行生态文明建设的成本要远大于社会公共福利的损失，原因在于进行生态文明建设需要付出高额的政府财政和行政资源，但是现有体制对政府的考核重点是经济发展总量的增长，对社会公共福利的关注不多，而且目前也缺乏通行的可以计量的公共福利核算体系。也就是说，公共福利的改善抑或减弱在政府考核中的权重很低，远低于经济增长的权重——经济增长在政绩考核中是"显性因素"，而公共福利改善是"隐性

---

① 陈坤：《从直接管制到民主协商——长江流域水污染防治立法协调与法治环境建设研究》，复旦大学出版社 2011 年版，第6—21页。

因素"。因此就短期而言，地方政府出于"政绩锦标赛"的考虑[1]，会将经济增长作为第一位工作，而通过治理环境改善公共福利的政绩并不明显，还会在某种程度上削弱经济增长，意即治理生态付出的成本要大于公共福利改善带来的收益。

在山西省环保厅的调查中，有近九成受访官员认为加大环保影响经济发展[2]。这主要是由现有的干部考核体制所导致的，即环境保护仍被认为是软指标，而经济建设特别是财政收入仍是硬指标。因此，这些干部们不愿意从理性上承认环境保护的积极作用，而是对环保行动影响 GDP 增长而耿耿于怀。一些地方干部对招商引资过度热情，竟然把"环境可以污染"当成了"消极的投资环境"。他们将"发展"等同于十分狭隘的"数字增长"。因此在这个意义上 $C_A > r_A$、$C_B > r_B$。与之相反的第二个维度就是基于可持续发展的考量。从可持续发展视角来看，进行生态文明建设实现生态发展无疑是第一位的法则，因此，从可持续发展的角度看，进行生态文明建设的收益无疑是要小于为之付出的成本，即 $r_A > C_A$、$r_B > C_B$。

当只有一方进行治理时（假定在完全信息情况下），必然会对区域内的市场主体提高准入标准、强化生产的环境标准的执行，同时政府的财政支出也会相应地增加，故而，将一方政府单独进行生态文明建设所付出的成本设为 D_A 或 D_B。那么，进行积极生态文明建设的一方政府所获得的收益就是治理收益除去生态文明建设成本以及因生态文明建设而较之于另一地方政府付出的机会成本，即单独治理一方的收益为 $R_A - D_B - C_A$。相应的另一地方政府由于消极不作为，放松生态管制，使得污染企业和个体的生产生活成本降低，市场准入门槛比进行生态文明建设的地方政府要低，在短期内会使得当地的经济实现一定的增长，设定为 G_B。消极生态文明建设一方的收益就是由于另一方进行生态文明建设行为产生的正外部性获益加上经济增长收益，除去一定的社会成本：$R_B + G_B - r_B$。

① 周雪光、艾云：《多重逻辑下的制度变迁：一个分析框架》，《中国社会科学》2010 年第 4 期，第 132—150、22 页。

② 《山西九成受访官员认为加大环保影响经济发展》，《中国青年报》，http：// news. sina. com. cn/c/2006 - 11 - 13/020911494058. shtml，2006 - 11 - 13。

表 5—4　　　　　　　　　地方政府生态文明建设的博弈策略

		B 区域政府	
		积极生态文明建设	消极生态文明建设
A 区域政府	积极生态文明建设	$R_A - C_A$，$R_B - C_B$	$R_A - D_A - C_A$，$R_B + G_B - r_B$
	消极生态文明建设	$R_A + G_A - r_A$，$R_B - D_B - C_B$	$R_A - r_A$，$R_B - r_B$

　　从地方政府生态文明建设的博弈模式中可以看出，当 $C_A > r_a$、$C_B > r_B$ 时，该博弈的纳什均衡是（消极生态文明建设，消极生态文明建设）；而当 $r_A > C_A$、$r_B > C_B$ 时，该博弈的纳什均衡是（积极生态文明建设，积极生态文明建设）。当区域内的生态文明建设政府组织均从短期利益考虑，博弈双方均会选择进行消极生态文明建设作为自己的行动策略。与之相反，当博弈双方都坚持可持续发展的理念并付诸行动时，博弈双方均会选择进行积极的生态文明建设行为作为行动策略。

　　但是在绝大多数情形下，人们主要是基于当下的利益判断作出行为选择，也就是博弈双方均会选择消极生态文明建设作为自己的行动选择，既会放纵生态破坏和环境污染的行为，又会在履行政府生态文明建设的方面不作为。双方的消极生态文明建设会导致区域内的生态文明建设效率低下，生态环境没有得到妥善的保护和发展，虽然各自的行为选择站在各自的立场上都是成立的，而且是理性的。这是个体的理性选择，最终导致了集体行为的不理性的根源所在。

二　横向跨区域生态文明建设的协同组织建设

　　以区域环境联席会议为代表的横向跨区域生态文明建设协同组织主要是基于成员间互相信任、尊重，在民主协商的基础上达成区域生态文明建设共识或协议而产生的。横向的跨区域生态文明建设协同组织是一种自主治理机制，肇始于对科层失灵和市场失灵的否定超越。横向区域生态文明建设协同组织较之于全国性宏观的纵向协调更具有清晰的问题指向和积极的行动意愿，合作治理措施的针对性强，应当具有较好的治理成效。因而，横向区域生态文明建设协同组织在一个结构合理的省际生态文明建设主体体系中应当发挥中流砥柱的作用。

横向跨区域生态文明建设协同组织主要存在于生态环境压力较大、互相依存程度高的相邻省区间，主要集中于经济发达地区如长江三角洲、珠江三角洲、首都经济圈等，大多是流域性合作治理（见表5—5）。

表5—5　　　　　　代表性的横向的区域生态文明建设协同组织

名称	区域成员	主要职责	主要工作成果
泛珠三角区域环境保护合作联席会议	福建、江西、湖南、广东、广西、海南、四川、贵州、云南九个省区和香港、澳门特别行政区	珠江流域水环境保护、生态环境保护、环境监测	《泛珠三角区域环境保护合作协议》《泛珠三角区域跨界环境污染纠纷行政处理办法》《泛珠三角区域环境保护产业合作协议》
京津冀水资源环境治理合作协调小组	北京、天津、河北	区域水环境治理、区域生态安全、林业建设	《京津冀都市圈区域规划环境保护与生态建设专题规划》《北京市与周边地区水资源环境治理合作资金管理办法》
苏浙沪环境保护合作联席会议制度	江苏、浙江、上海	每半年召开一次会议，定期研究区域环保合作的重大事项，审议、决定合作的重要计划和文件	《长江三角洲地区环境保护合作协议》；推动了区域大气污染联防联控开展；机动车管理方面进行合作，延续环保标志互认制度，有力推动了机动车尾气污染的治理
渭河流域环境保护城市联盟市长联席会议	甘肃省定西市、天水市和陕西省宝鸡市、杨凌示范区、咸阳市、西安市、渭南市六市一区	渭河流域水环境保护联防联控、流域生态补偿	全国首例省际生态补偿机制在陕甘两省率先实施

资料来源：政府机构网站以及新闻报道。

横向跨区域生态文明建设协同组织虽然在协调区域间环境纠纷、促进环境保护合作、协调区域发展规划等方面做出了积极贡献，但是还存在诸多不足。

　　第一，发展尚不成熟，协同治理覆盖面低。首先，协同治理的区域覆盖面较低。当下横向的区域生态文明建设协同组织主要集中在经济较为发达的生态关联区域，如长江三角洲经济区、珠江三角洲经济区、环首都经济圈、天水—关中经济区，区域经济一体化成为跨区域生态文明建设协同发展主要动因。协同治理生态成为区域经济一体化可持续发展的必由之路，而发达经济基础和成熟经济一体化合作机制也为区域间环境协同治理提供了坚实的物资与制度基础，在这些区域环境协同治理既"必需"也"可能"更"可为"，而在经济欠发达亦有环境压力的区域有协同治理之"心"，却难有协同治理之"力"。因此，横向生态文明建设协同组织的治理区域占国土面积的比例极低。其次，协同治理的生态要素覆盖较低。地表水资源治理成为既有的横向区域生态文明建设主体的主要治理对象，而其他生态要素的省际治理还未完全纳入协同治理的范围之中（仅长三角地区将机动车尾气污染作为治理对象），停留在环境保护与防治的协调。与区域经济一体化组织相比，横向的区域生态文明建设协同组织发展滞后，协同治理的内容有待丰富。

　　第二，组织结构不完善，治理效用欠佳。横向区域生态文明建设主体目前的组织形式主要是首脑级联席会议、职能部门联席会议，且大多处于协商讨论的层级。完善的横向区域生态文明建设主体应当是多形式多层级的联席会议，且联席会议应当由环境专责小组、环境专题小组以及其他保障机构组成[1]。既有的协调机构尚不具有如此完整的组织体系，只有初步的首长联席会议。不同的职能机构具有不同的区域生态协同效用，唯有完备的机构体系方可发挥最佳的治理效用。

表5—6　　　　　　　省际生态文明建设协同组织及其职能

机构	职能
环境专责小组	专门负责环境方面的协调合作定期
环境问题专题小组	专门解决某一具体跨界环境问题
信息沟通机构	环境信息联合监测与通报

---

　　[1]　马强、秦佩恒、白钰等：《我国跨行政区环境管理协调机制建设的策略研究》，《中国人口资源与环境》2008年第5期，第133—138页。

机构	职能
纠纷解决机构	解决跨界环境纠纷
联合规划机构	制定区域生态环境规划以及跨界污染防治专项规划
专家咨询机构	为环境决策、环境法规和规划的制定提供专业咨询
监督保障机构	监督环境法规和规划的实施，监督各省落实协议情况
应急机构	负责突发环境事件的通报和处理

第三，治理手段单一，合作治理缺乏长效保障。以合作协议为主的区域行政协议是目前横向区域生态文明建设主体的主要合作治理方式。区域行政协议是区域生态文明建设的共识达成的标志和体现，广为应用并发挥了相应的作用，但是区域行政协议只是区域间政府对环境压力做出的一种自发探索与尝试，协议性质归属、产生的责任界定以及行政协议纠纷的解决机制均缺乏明确性法律甚至是法理的指引，即区域行政协议目前没有相应的法律基础，从而令该类协议面临法律适用上的困境。目前区域行政协议的履行更多是依赖于区域政府的自觉和行政首长的意志推动，造成区域生态文明建设的困境：区域生态文明建设的共识本就难以达成——"议而不决"，达成之后又"决而不行"。横向区域生态文明建设难以形成对治理行为确定性指引的规范性文件，缺乏必要的长效制度保障。

第四，区域经济发展不均衡，治理行为碎片化。区域协同治理的参与主体之间的经济、社会发展不均衡导致各个区域政府的生态文明建设的价值、具体目标方面存在较大的差异，既影响治理共识的达成，更影响生态协同集体治理行为的成效，容易出现经济欠发达区域权衡生态文明建设成本和本地经济发展效益后作出的区域生态文明建设中的"搭便车"行为，进而影响这个区域内的生态文明建设成效。以近期为国内外广为关注的北京雾霾天气治理为例，早在 2008 年奥运会筹备之时北京就与周边省市协作治理空气污染，确保奥运需求，而且在奥运期间治理成效显著，但这是在特殊背景之下运动式治理的成效。从常态分析而言，北京周边四省份工业废气治理费用、每亿元工业产值废气排放量与工业产值之间差异较大。且现有的政绩考核体系中工业 GDP 占据核心地位，各省均有保持经济较快增长的政治目标，因而很难自主协调五省市的利益关系实现有效的协同治理，何况还有京津"直辖市情结"作梗。

横向区域生态文明建设主体作为区域治理的自发性的组织，是较为有效的区域生态利益的协商、对话平台，确保参与主体能够充分表达自己诉求，有助于形成真实的价值与行动共识，因此在未来对区域生态文明建设应予以扶助，完善既有不足。

第一，中央政府多方位支持。应当为相关省份间开展整体性的生态文明建设提供政策引导、物资支撑和制度保障。横向区域生态文明建设主体是自主治理组织，是一种内生性治理组织，其存在的数量较少、治理对象单一等问题不可由中央强力干预解决，而应当是通过相关的扶持政策、提供相应的物质和制度（如国家的财政转移支付政策）支持鼓励、引导省际开展生态文明建设，充实既有的治理组织机构。

第二，修订法律法规，将省际环境协调机构法治化，确保其长效发展。一方面是要明确省际环境协调机构的地位、职责、议事程序、组成内容；另一方面是要对区域行政协议的法律性质、纠纷解决、违约责任承担方式作出确定性规范①。省际环境协调机构法治化途径最有效也是根本性的解决方式就是全国人大或其常委会制定法律，也可由国务院制定行政法规作出规范，而现实中最易行的是将区域行政协议内容转变为地方立法文件以化解行政协议的确定性和执行问题。

第三，改革现有政绩考核体系，约束区域政府行为。现有的政绩考核体系使得区域政府更多关注本区域内的经济发展，对本辖区环境治理关注不够，对区域之间的生态文明建设问题更是难得进入决策视野，因此就出现了重经济发展轻环境保护、区域之间为招商引资进行的环保"底线竞争"、各种形式的跨界污染转嫁等现象。将生态发展与区域间生态共治纳入政绩考核体系，促使区域政府重视跨界生态问题的共同治理。

第四，统一的环境治理标准，搭建环境信息共享平台。首先，要建立全国统一的环境准入和污染物排放标准体系，改变目前各自为政的局面。其次，要建立健全生态信息监测、共享与发布制度为区域生态协调工作提供统一的、完备的信息支持。

----

① 叶必丰：《区域经济一体化的法律治理》，《中国社会科学》2012 年第 8 期，第 107—130、20 页。

第三节 区域生态文明建设现状的空间统计分析

作为一个幅员辽阔的大国，我国不同区域的生态资源分布存在较大的差异，加上经济社会发展程度不同以及对生态文明建设的投入不同，最终导致了区域之间生态文明建设存在显著的不协同。在空间维度上对区域间生态文明建设差异的分析将主要围绕客观的生态资源禀赋、经济社会发展对生态的消费程度以及生态发展的最终格局进行分析。现有的区域生态文明建设的研究尤其是跨省区的生态文明建设问题的实证研究通常是以传统的数量统计学为依据，虽然这些研究也可揭示出区域生态文明建设的一些现象和变化规律，但是缺少空间维度的传统研究无疑会降低对生态问题分析的科学性。空间统计分析是地理学的研究方法之一，近些年国内外学者将其引入社会科学的研究领域，以试图克服传统的统计分析由于缺少空间维度而带来的各种缺陷。本书运用了目前国际主流的空间统计分析软件ArcGIS10.2 和 OpenGeoda 等，对省区的不同生态文明建设指标进行了描述性和解释性的空间统计分析。

一 生态禀赋区域各异

我国的生态资源禀赋在整体上非常优良，能源资源蕴藏丰富。从煤炭、石油、天然气、水力等常规能源的资源总量来看，可列入世界能源资源丰富国家之一。但是资源的空间分布严重不均衡，处于一种"既普遍而又相对集中"的分布格局。煤炭和石油资源集中在北方，水力资源在西南，华东和中南是能源资源缺乏的地区。本书选取水资源和能源矿产作为生态禀赋的代表性指标进行分析，因为水资源和能源矿产是经济社会发展两项较为重要的基础性生态要素。

1. 水资源

我国水资源储量相对丰富，水资源总量居世界第六位，但人均占有量为 2240 立方米，约为世界人均的 1/4，在世界银行统计的 153 个国家中居第 88 位，而且在区域的分布上差异较大。

根据《2014 年中国统计年鉴》，水资源总量为 27957.9 亿立方米，人均水资源量为 2059.7 立方米。按照国际公认的标准，我国整体上处于中度缺水的状态。四川、福建、江西、云南、黑龙江、内蒙古、新疆、广西、海南、青海、西藏共 11 个省区按照人均水资源量处于不缺水状态，其余各个省区均在不同程度处在缺水状态，其中天津、上海、北京、宁夏、河南、河北、山东、山西、江苏 9 省区市的人均水资源量不足 500 立方米，处于严重缺水的状态（见表 5—7）。

我国的人均水资源区域之间存在着严重的差异。人均水资源量最低的省区呈现出连带状的集中分布趋势，主要集中于华北地区和河南、山东等黄河流域省区。这部分地区人均水资源量偏低，一方面是由于这些区域的水资源总量本身就偏低；另一方面是由于这些区域集中了较大的人口数量，即北京、天津两个直辖市和河南、山东等人口大省。

表 5—7　　　　　　　　2013 年各省水资源总量分省数据

指标\地区	水资源总量（亿立方米）	地表水资源量（亿立方米）	地下水资源量（亿立方米）	地表水与地下水资源重复量（亿立方米）	人均水资源量（立方米）
全国	27957.9	26839.5	8081.1	6962.7	2059.7
北京	24.8	9.4	18.7	3.4	118.6
天津	14.6	10.8	5.0	1.2	101.5
河北	175.9	76.8	138.8	39.8	240.6
山西	126.6	81.0	96.9	51.4	349.6
内蒙古	959.8	813.5	249.3	103.0	3848.6
辽宁	463.2	420.3	139.4	96.5	1055.2
吉林	607.4	535.2	160.2	88.0	2208.2
黑龙江	1419.6	1253.3	381.5	215.2	3702.1
上海	28.0	22.8	8.2	3.0	116.9
江苏	283.5	202.3	97.2	16.0	357.6
浙江	931.3	917.3	207.3	193.3	1697.2
安徽	585.6	525.4	144.5	84.3	974.5
福建	1151.9	1150.7	337.6	336.3	3062.7
江西	1424.0	1405.3	378.4	359.7	3155.3
山东	291.7	191.1	172.3	71.7	300.4
河南	213.1	123.1	147.1	57.2	226.4

续表

地区 \ 指标	水资源总量 （亿立方米）	地表水资源量 （亿立方米）	地下水资源量 （亿立方米）	地表水与地下 水资源重复量 （亿立方米）	人均水资源量 （立方米）
湖北	790.1	756.6	251.3	217.8	1364.9
湖南	1582.0	1574.3	382.1	374.5	2373.6
广东	2263.2	2253.7	532.5	523.1	2131.2
广西	2057.3	2056.3	478.1	477.1	4376.8
海南	502.1	496.5	119.5	113.9	5636.8
重庆	474.3	474.3	96.4	96.4	1603.9
四川	2470.3	2469.1	607.5	606.4	3052.9
贵州	759.4	759.4	235.6	235.6	2174.2
云南	1706.7	1706.7	573.3	573.3	3652.2
西藏	4415.7	4415.7	991.7	991.7	142530.6
陕西	353.8	31.5	118.5	96.2	941.3
甘肃	268.9	262.2	138.9	132.2	1042.3
青海	645.6	629.5	290.8	274.7	11216.6
宁夏	11.4	9.5	22.1	20.2	175.3
新疆	956.0	905.6	560.2	509.8	4251.9

数据来源：《2014 年中国统计年鉴》。

2. 能源矿产

能源矿产中，煤炭是我国最主要的消费能源，石油次之。能源矿产的分布也呈现出"既普遍而又相对集中"的特点。

表 5—8 可以发现，煤炭资源主要集中于山西与内蒙古两省区，其中山西总储量为 906.80 亿吨，内蒙古总储量为 460.10 亿吨，占全国总储量的 38.4%、19.5%，集中了全国近六成的煤炭总量。经济发达的东部沿海地区和华中、中南地区的煤炭储量相对较低。石油的空间分布也出现类似的特点。石油主要集中于新疆、陕西等西北地区和黑龙江、山东等地，其他省区的石油储量异常匮乏。

表5—8　　　　2013年分省主要能源、黑色金属矿产基础储量

地区	石油（万吨）	天然气（亿立方米）	煤炭（亿吨）	铁矿（亿吨）	锰矿（万吨）	铬矿（万吨）	钒矿（万吨）	原生钛铁矿（万吨）
全国	336732.10	46428.84	2362.90	199.17	21547.74	401.47	909.91	21957.03
北京			3.83	1.34				
天津	3115.22	279.79	2.97					
河北	26685.34	325.86	39.41	23.97	7.05	4.64	10.28	283.68
山西			906.80	12.70	12.90			
内蒙古	8339.35	8042.54	460.10	20.99	567.74	56.29	0.77	
辽宁	16411.23	169.46	28.33	56.25	1402.94			
吉林	18326.64	756.35	10.03	4.52	0.40			
黑龙江	47311.25	1353.93	61.38	0.35				
上海								
江苏	3023.37	24.30	10.93	1.76			4.68	
浙江			0.43	0.31			3.76	
安徽	254.20	0.24	85.19	7.90	7.37		5.98	
福建			4.33	3.24	135.13			
江西			3.97	1.37			6.52	
山东	33839.35	357.90	78.78	9.37				686.69
河南	5037.37	72.09	89.55	1.41	0.82			0.51
湖北	1303.70	48.79	3.23	6.05	749.57		29.37	1053.23
湖南			6.61	1.79	1908.37		2.90	
广东	13.85	0.50	0.23	1.06	75.23			
广西	135.27	1.32	2.26	0.30	8441.54		171.49	
海南	274.39	-3.45	1.19	0.95				
重庆	278.43	2472.83	19.86	0.22	1712.64			
四川	666.66	11874.38	55.74	26.60	100.04		576.19	19887.19
贵州		6.39	83.29	0.13	4247.77			
云南	12.21	0.80	60.10	4.13	1074.79		0.07	
西藏			0.12	0.17		169.22		
陕西	33712.64	6231.14	104.38	3.99	277.27		7.87	
甘肃	21150.01	241.28	32.69	3.71	259.00	123.63	89.87	

续表

地区	石油 （万吨）	天然气 （亿立方米）	煤炭 （亿吨）	铁矿 （亿吨）	锰矿 （万吨）	铬矿 （万吨）	钒矿 （万吨）	原生钛铁矿 （万吨）
青海	6284.94	1511.79	12.17	0.03		3.68		
宁夏	2313.96	294.40	38.47					
新疆	58393.63	9053.88	156.53	4.56	567.17	44.01	0.16	45.73
海域	49849.80	3312.33						

数据来源：《2014 年中国统计年鉴》。

二 生态消费区域有别

本书选取生态足迹作为评价各省生态消费的核心指标，主要是因为它可以较好地反映出该区域经济社会发展对环境资源的影响程度。生态问题主要是改革开放以来的粗放式经济发展模式所导致，而建设生态文明的关键是实现经济发展模式的转型升级，尤其是改变对高能源需求和高污染产业的过度依赖。生态足迹是反映某一区域经济社会活动对环境资源的需求量，与其对应的评价方法还有生态承载力。生态承载力是静态地评价某一区域的自然生态环境对人类活动的供给能力，假设不存在资源的大规模流动。改革开放以来的经济活动中存在着诸多大规模的能源流动，如晋煤外运、西气东输、西电东送、南水北调等等。因此，使用生态承载力评价方法不能够较为全面地反映出不同区域经济社会活动对环境的影响情况。此外，衡量生态文明建设的重要指数——生态文明建设指数（ECI）就是以生态足迹为基础的①。基于前述考虑，本书选取生态足迹中单位生态足迹（万元 GDP 生态足迹）作为评价各省生态消费的指标。

1. 生态消费的测量指标

生态足迹（Ecological Footprint，EF）是一种定量地测算区域的可持续发展情况的方法，由加拿大经济与生态文明建设的协同发展学家Willian E. Rees 教授于 1992 年提出。生态足迹是指在一定技术条件和消费水平下，某个国家（地区、个人）持续发展或生存所必需的生物生产性土地

①《2010 年中国省市区生态文明建设水平排名报告》，http：//cn. chinagate. cn/environment/2012 - 07/04/content_ 25808111_ 2. htm。

面积。生态足迹因其概念现象、可操作性强在世界范围内获得了高度认可，被广泛地用来测量区域的社会经济发展对环境产生的影响程度。通常而言，生态足迹越大表示这一区域经济发展所带来的能源消耗与环境代价越大。

本书以省为研究单位，生态足迹的数据来源是中国环境与发展国际合作委员会与世界自然基金会发布的《中国生态足迹报告》[①]、中国 21 世纪议程管理中心发布的《发展的基础：中国可持续发展的资源、生态基础评价》[②]、北京大学发布的《2010 年中国省市区生态文明建设水平排名报告》[③] 等。

表 5—9　　　　　　　　2000—2010 年各省区单位生态足迹

年份\地区	2000	2005	2007	2008	2009	2010
安徽	5.28	3.65	3.03	2.77	2.65	2.26
北京	2.78	1.45	1.19	1.07	0.95	0.87
福建	2.48	2.21	1.85	1.64	1.64	1.46
甘肃	7.22	5.24	4.31	3.73	3.44	3.14
广东	2.79	1.90	1.58	1.40	1.34	1.26
广西	4.52	2.97	2.51	2.09	2.06	1.93
贵州	11.64	8.10	7.34	5.37	4.94	4.21
海南	3.38	2.79	3.28	2.90	2.65	2.21
河北	4.75	4.23	3.63	3.19	3.18	2.86
河南	4.00	3.24	2.83	2.36	2.30	2.10
黑龙江	5.00	3.57	3.17	2.85	2.84	2.53
湖北	4.32	3.60	2.94	2.39	2.20	2.10
湖南	3.96	3.40	2.83	2.32	2.06	1.70

① 中国环境与发展国际合作委员会、世界自然基金会：《中国生态足迹报告》，http://www.footprintnetwork.org/images/uploads/China_ Report_ zh. pdf。

② 中国 21 世纪议程管理中心：《发展的基础：中国可持续发展的资源、生态基础评价》，社会科学文献出版社 2004 年版。

③ 《2010 年中国省市区生态文明建设水平排名报告》，http://cn. chinagate. cn/environment/2012 – 07/04/content_ 25808111_ 2. htm。

续表

年份 地区	2000	2005	2007	2008	2009	2010
吉林	5.59	3.99	3.20	2.90	2.49	2.26
江苏	2.92	2.26	1.87	1.63	1.49	1.36
江西	4.58	3.23	2.72	2.33	2.06	1.93
辽宁	5.78	4.49	3.79	3.19	2.94	2.55
内蒙古	8.38	6.12	5.10	4.70	4.04	3.72
宁夏	8.06	8.94	7.63	6.62	5.87	5.53
青海	6.61	4.74	3.92	3.61	3.31	2.68
山东	3.02	2.97	2.55	2.28	2.16	2.10
山西	13.35	9.36	7.74	6.28	5.86	4.61
陕西	4.59	3.69	3.17	2.79	2.54	2.39
上海	2.33	1.90	1.51	1.39	1.27	1.21
四川	4.75	3.59	2.75	2.43	2.36	2.04
天津	3.84	2.53	2.09	1.67	1.51	1.39
西藏	5.23	4.01	3.40	2.92	2.70	2.40
新疆	6.23	4.66	4.22	3.80	4.33	3.76
云南	4.77	4.76	3.93	3.34	3.28	2.99
浙江	2.71	1.91	1.70	1.51	1.47	1.29
重庆	5.66	3.67	2.76	2.60	2.17	1.93

资料来源：中国省市区生态文明建设水平排名报告。

2. 测量方法

（1）全局空间自相关

空间自相关（Global Moran's I）是根据要素位置和要素值来度量空间自相关。在给定一组要素及相关属性的情况下，该工具评估所表达的模式是聚类模式、离散模式或随机模式。该工具通过计算 Moran's I 指数值、z 得分和 p 值来对该指数的显著性进行评估。p 值是根据已知分布的曲线得出的面积近似值（受检验统计量限制）。

需要指出的是全局空间自相关的输入要素至少包含 30 个要素，如果少于 30 个要素，则结果不可靠。由于数据的可得性问题，本书选取的是除香港、澳门、台湾、西藏以外的 30 个省区市的生态足迹数据。因此，符合这一研究方法对要素的要求。

Global Moran's I 将作为空间自相关性指标，取值范围在 −1 到 1 之间，正值表示该空间事物的属性分布具有正相关性；负值表示该空间事物的属性分布具有负相关性；0 表示该空间事物的属性分布不存在相关性，如公式（1）所示：

$$I = \frac{n}{S_o} \frac{\sum_{i=1}^{n} \sum_{j=1}^{n} W_{ij} Z_i Z_j}{\sum_{i=1}^{n} Z_i^2} \tag{1}$$

其中，n 为样本格数；Z_i、Z_j 为 i 点或 j 点或区域的属性值；W_{ij} 为衡量空间事物之间关系的权重矩阵，一般为对称矩阵。

Moran's I 的可信度检验方法如公式（2）（3）所示。

$$Z(I) = \frac{I - E(I)}{S_{E(I)}} \tag{2}$$

$$S_{E(I)} = SQRT\left[\frac{N^2 \Sigma_{ij} W_{ij}^2 + 3 (\Sigma_{ij} W_{ij})^2 - N\Sigma_i \Sigma_j W_{ij}^2}{(N^2 - 1) \Sigma_{ij} W_{ij}^2}\right] \tag{3}$$

（2）局部空间自相关（LISA）

全局的空间相关性分析一般侧重于研究区域空间对象某一属性取值的空间分布状态，而无法对单一对象与其他对象之间的空间关系进行分析。因此，为了弥补这一缺陷，局部空间自相关就是指每一个分析对象与其相邻分析对象之间的空间相关程度。因此，在采用全局空间自相关来分析全国的生态消费的基础之上，采用局部空间自相关分析不同省份与之相邻省份的生态消费的差异，空间相邻的省份是否在生态消费方面存在一致性。局部空间自相关是通过分析测算空间关联局域指标（Local Indicators of Spatial Association，LISA）显著水平，采用 Moran 散点图、Local Moran's I（如公式 4 所示）统计量来分析每个区域与周边地区间的空间差异程度。

Moran 散点图是用散点图描述变量 Z 与其空间滞后（即该观测值周围

邻居的加权平均）向量 W_z 之间的相关关系。横轴对应描述变量，纵轴对应空间滞后向量。散点图分为四个象限，分别识别一个地区及其邻近地区的关系。第一象限（HH），表示高水平的区域被高水平的其他区域所包围；第二象限（LH），表示低水平的区域被高水平的其他区域所包围；第三象限（LL），低被低包围；第四象限（HL），高被低包围。第一、第三象限正的空间自相关关系表示相似观测值之间的空间联系，暗示相似值的聚集。第二、第四象限负的空间自相关关系表示不同观测值之间的空间联系，暗示空间异常（spatial outliers）。如果观测值均匀地分布在四个象限，则表示地区之间不存在空间自相关性。

Local Moran's I 统计量是度量区域 i 与其周围地区创新产出的空间上的差异程度及其显著性，是全局空间自相关统计量 Global Moran's I 的分解。对第 i 个区域而言，其形式为：

$$I = \frac{x_i - x}{S^2} \sum W_{ij} \ (x_j - x) \tag{4}$$

这里 I 对于标准化了的观测值而言，相当于相关系数，系数取值范围在 -1 到 1 之间，正值表示该空间事物的属性分布具有正相关性；负值表示该空间事物的属性分布具有负相关性；0 表示该空间事物的属性分布不存在相关性。

本书运用 OPENGEODA 1.2.0 分析软件采对近十年来各省区的单位生态足迹进行分析。主要使用全局空间自相关指数和散点图、局部空间自相关指数与散点图、显著性图和集聚图分析各个省区市与相邻省份之间在单位生态足迹方面的空间关系。

3. 区域生态消费的全局空间自相关分析

通过对《中国生态足迹报告》《发展的基础：中国可持续发展的资源生态基础评价》《中国省市区生态文明建设水平排名报告》等文献的数理分析，提炼出 2000 年、2005 年、2010 年各省区市的单位生态足迹。运用 OPENGEODA 1.2.0 分析软件，分别计算出以省为单位的全国单位生态足迹的全局空间自相关指数：2000 年 Moran's I 系数为 0.257987；2005 年 Moran's I 系数为 0.239233；2010 年 Moran's I 系数为 0.231895。在置信区间为 999 情况下，三年的 Moran's I 的统计检验 P 值分别为 0.018、0.02、0.022，都小于 0.05，均通过了空间统计检验。因此，这三年的单位生态足迹 Moran's I 系数在空间统计学上具有显著性。

全集空间自相关是表示空间某一属性在整个空间所具有的集聚效应。Moran's I 值在 -1 至 1 之间，数值越高，在 Z 值大于 1.95 的情况下，数值越大表示该属性在这个区域的空间自相关性越显著。由此可见，2000—2010 年十年间各省区市之间的单位生态足迹呈现出空间自相关，而且空间相关性程度逐渐降低。其中 2005 年较之于 2000 年有了较为显著的降低，2010 年则与 2005 年的数值基本持平略有下降。这一变化趋势也得到经典统计学的支持。各省区的单位生态足迹的标准差由 2000 年的 5.18 逐年下降到 2010 年的 2.46，平均数也由 2000 年的 2.51 逐年下降到 2010 年的 1.06。这在空间统计学上表明，十年间各个省区市之间的单位生态足迹的空间相关性逐渐降低，单位 GDP 的能源、资源消耗逐渐减少，资源利用率在稳步提高，经济发展正在从高污染、高耗能的粗放型发展模式向更多地依赖生态化技术创新发展的集约型发展模式过渡。

变化的主要原因是生态文明建设理念对经济社会发展产生了积极影响。这十年的全国单位生态足迹差异的缩小过程，就是生态文明建设上升为社会主义事业重要组成部分的历程。这个历程分为三个阶段。

第一个阶段是可持续发展理念融入我国的经济社会发展过程。在通过《21 世纪议程》后，党的十五大报告提出"实施可持续发展战略"。政府和社会就开始对依靠资源投入和环境污染实现经济增长的传统发展方式开进行反思，高度重视可持续发展问题，强调国民经济要实现持续、快速、健康发展。中央和各省将可持续发展思想纳入各类规划和计划中，全民可持续发展意识有明显提高，与可持续发展相关的法律法规相继出台并正在得到不断完善和落实。

第二个阶段是科学发展观的提出，生态文明建设理念被提出并上升为党的领导意志，成为"十二五"时期的重要战略任务。强调人与自然和谐发展的科学发展观在党的十七大上被写入党章，成为中国特色社会主义建设的指导思想。党的十七大提出把建设生态文明建设列为全面建设小康社会目标之一、作为一项战略任务确定下来，提出要基本形成节约能源资源和保护生态环境的产业结构、增长方式、消费模式，推动了全社会牢固树立生态文明建设观念。

第三个阶段是生态文明建设的主管机关的成立。环境保护部作为国务院组成部门于 2008 年设立，成为全国环境保护的主管行政机关。环境保护部成立后积极推动生态文明建设的开展，从"十一五"开始，资源消耗、环境保护首次作为约束性指标，纳入各地区、各部门经济社会发展综合评价和绩效考核体系后，对各省份的发展方式转型、生态文明建设逐渐起到约束作用。

表 5—10 2000—2010 年单位生态足迹统计描述

年份 参数	2000	2005	2007	2008	2009	2010
平均数	2.51	1.93	1.66	1.34	1.24	1.06
标准差	5.18	3.971	3.371	2.91	2.71	2.46
最小值	2.33	1.45	1.19	1.07	0.95	0.87
最大值	13.35	9.36	7.74	6.62	5.87	5.53

4. 区域生态消费的局部空间自相关分析

在局部空间自相关（LISA）的分析中，本书运用 OPENGEODA 1.2.0 分析软件，对近十年来各省的单位生态足迹进行分析。主要使用局部空间自相关的散点图、显著性图和集聚图分析各个省区市与相邻省份之间在单位生态足迹方面的空间关系。

局部空间自相关的散点图与全局空间自相关的散点图相同，有四个象限，表示四种不同类型的空间联系情况：第一象限为"高—高"象限，表示该省份的单位生态足迹较高且相邻省份的单位生态足迹也较高的样本点；第二象限为"低—高"象限，表示该省份的单位生态足迹较低但相邻省份的单位生态足迹较高的样本点；第三象限为"低—低"象限，表示该省份与相邻省份的单位生态足迹均较低的样本点；第四象限为"高—低"象限，表示该省份的单位生态足迹较高但相邻省份的单位生态足迹较低的样本点。从表5—11可以看出2000—2010年全国单位生态足迹分布情况的三个特征。

（1）单位生态足迹较低区域主要集中于西部地区和华北地区，而且规模在不断扩大。这些地区又可以分为两类：其一是以能源产业、重工业为支撑的省区和以农业为主的省区，如黑龙江、内蒙古、新疆、甘肃、辽宁、山西。能源、重工业的发展本身就容易造成环境污染，而能源产业和重工业发展水平整体不高，资源的利用率偏低，造成了大量的资源浪费和环境污染。因此，这些省区的生态足迹偏大。另一类是农业占国民经济比重较大的省区，如宁夏、青海、云南、贵州等。农业对国民经济的贡献率本身就低于第二产业和第三产业，加之处于从传统农业到现代农业转变的过程，土地的生产效率还远低于发达国家水平，这两个因素叠加导致这些省区的单位生态足迹偏大。

（2）东部沿海地区一直处于单位生态足迹偏低的水平。这些区域本身生态禀赋较好，加之这些区域的市场经济起步较早，产业结构均衡，第二、第三产业比重高于第一产业，因此其生态足迹近10年来一直维持在较低的水平。而且，较高的市场化水平也催生了现代政府和公民社会的发展。现代性地方政府会自觉地将可持续发展的价值取向和基本要求融入当地经济社会发展中。同时，公民社会对生态权益的诉求也会相对有效地表达促使地方发展方式实现生态化的转向。此外，某一生态文明建设水平较高的省份也会对邻近省份产生辐射影响作用，使得相邻省份也开始提升当地的生态文明建设水平。

（3）部分西部后发省份的单位生态足迹提高。西部大开发使得西部地区的经济社会有了较大的发展。但由于区位因素和科技资源储备等问题，西部地区的经济增长方式依然是通过资源开采产业和高耗能产业实现。这就使得黑龙江、甘肃、青海、云南等省份的单位生态足迹提高。这就使得整个西部地区的单位生态足迹偏高，整体的生态环境状况堪忧。

表 5—11 2000—2010 年全国单位生态足迹局部空间自相关散点图对应省份

年份 象限	2000	2005	2010
高—高	内蒙古、新疆、吉林、山西、青海、宁夏、重庆	内蒙古、新疆、河北、山西、宁夏、青海、云南	黑龙江、内蒙古、新疆、辽宁、甘肃、河北、山西、宁夏、青海、云南
低—高	黑龙江、河北、陕西、河南、四川、湖南、云南、广西	黑龙江、陕西、河南、四川、重庆、广西	吉林、陕西、河南、四川、重庆、广西、海南
高—低	贵州、安徽	贵州、安徽	贵州
低—低	其他省份	其他省份	其他省份

　　中西部地区和东南沿海地区的单位生态足迹分布存在显著的正相关性。以内蒙古为核心的相邻区域的单位生态足迹普遍偏高，而以江苏、浙江、福建为中心的相邻区域的单位生态足迹普遍偏低，尤其是浙江和福建，相邻省份的生态足迹呈现出较强相关性，即高—高相邻或低—低相邻，而且内蒙古与相邻区域的空间正相关性呈现出增加的趋势。这主要是由于西部大开发进程促使其周边省份开展大规模的生态化程度较低的经济活动，使得其单位生态足迹提高。

　　通过对各省份 2000—2010 年十年之间单位生态足迹的空间统计分析得到三点结论：第一，各省份之间单位生态足迹存在着显著的空间自相关关系。第二，整体而言，十年间全国各省份之间单位生态足迹的差距呈现出缩小的趋势，说明全国范围内的生态文明建设在省区之间的统筹性、协同性升高。这也是十年来生态文明建设成就的显现。第三，西部地区的单位生态足迹整体偏高并有增长趋势，而东南沿海地区的单位生态足迹整体偏低。这就揭示中西部地区应当成为我国的经济发展模式的转型和生态文明建设的重点。

三 生态文明建设区域差异

人居环境适宜度是通过不同区域的人口、资源、环境与发展相互关系的综合评价而确立的反映不同地区人口与资源环境发展协调程度的指数。人居环境适宜度将人作为核心，由不同区域的经济社会发展情况以及生态资源的状况而确立。因此，可以作为衡量区域生态文明建设状况的一个重要指标。以第六次全国人口普查为依据，中国人口分布适宜度研究课题组测算了主要年度的中国人口分布适宜度。

2010 年中国各省人口分布的人居环境适宜度，除宁、黔、甘、新、青、藏等省区外，普遍达到及格水平。人居环境适宜度保持在 90 以上的有 17 个省份，其中，上海和江苏以 100 居首；天津、广东、山东、广西和安徽分布在 99—96 的水平。东北三省的人居环境适宜度较好，整体在 90 以上，吉林达到 95，略高于其他两省。中部地区的安徽、江西、河南和湖南人居适宜度较好，在 90 以上水平。

人居环境适宜度在 80—90 的包括四川、福建、湖北和山西 4 个省。

人居环境适宜度为 60—80 的主要包括西部地区的陕西、重庆、云南和内蒙古 4 个省区市。

人居环境适宜度低于 60 的有 6 个省区，均地处中国西部地区，人居环境适宜度较低。具体包括宁夏、贵州、甘肃、新疆、青海和西藏。

总体而言，我国人居环境一度较好的区域集中在生态环境基础较好而且经济较为发达的东南地区，或是像广西、江西等工业发展程度较低但是自然环境较好的区域。

表 5—12 1953—2010 年中国各省人居适宜度

年份 省区	1953	1964	1982	1990	2000	2010
北京	91.11	90.89	91.49	92.07	93.36	92.72
天津	99.74	99.73	99.58	99.58	99.24	99.71
河北	94.76	94.57	94.5	94.75	93.09	95.17
山西	79.57	80.56	81.21	81.48	81.92	83.58
内蒙古	70.4	65.64	62.99	63.21	63.69	63.67

年份 省区	1953	1964	1982	1990	2000	2010
辽宁	88.44	89.03	88.99	89.5	86.55	90.28
吉林	95.44	95.11	94.91	95.12	93.79	95.47
黑龙江	95.92	94.6	92.95	93.02	92.35	92.98
上海	100	100	100	100	100	100
江苏	100	100	100	100	100	100
浙江	93.55	93.88	93.32	93.62	93.79	95.07
安徽	95.35	94.9	95.35	95.6	95.48	96.3
福建	85.31	85.34	85.36	85.47	86.28	87.69
江西	95.52	95.41	95.4	95.43	95.99	95.07
山东	97.95	98.13	98.39	97.72	97.66	97.92
河南	93.78	93.5	93.74	93.93	94.01	94.11
湖北	79.95	80.75	80.99	81.44	83.91	83.06
湖南	92.23	92.09	92.29	92.35	91.67	92.79
广东	97.91	97.94	98.01	98.17	98.22	98.8
广西	97.15	97.29	97.36	97.43	98.1	97.67
海南	97.4	96.29	94.67	94.71	94.78	95.49
重庆	67.18	69.26	66.47	66.83	68.53	69.89
四川	90.92	90.83	90.2	89.91	88.41	88.63
贵州	40.16	40.72	39.88	39.94	40.73	41.59
云南	64.39	64.41	65.5	65.24	66.88	66.49
西藏	0.28	0.25	0.34	0.37	0.48	0.43
陕西	75.57	77.29	78.05	78.54	79.8	79.98
甘肃	26.29	26.31	78.05	78.54	79.8	79.98
青海	3.62	5.99	7.38	7.53	7.53	7.83
宁夏	42.83	42.78	40.76	40.26	41.88	42.51
新疆	19.78	21.1	25.34	25.02	21.05	24.79

第四节　美国州际生态治理实践经验

跨区域生态文明建设是任何一个国家或地区都要面临的一个公共治理

难题，尤其是那些幅员辽阔的大国。目前尚无一个大国实现了区域之间生态事务的良好治理，各个国家正在进行着不同的探索。对于幅员辽阔、实行联邦制的美国而言，如何实现州际的生态事务协同治理一直是联邦政府和各州极为关切的问题，在实践中形成了诸多较为有效的治理方式与经验。现有的美国州际生态治理体系按照主体可划分为传统政府治理（立法、执法、司法）、府际合作治理和特殊组织治理三种类别。研究美国州际生态治理体系并不意味着其已经完全实现了区域生态事务的协同共治，因而也不存在将其治理体系移植到我国的意图。只是出于"他山之石，可以攻玉"的考虑，参照美国州际生态的综合治理、制度之治和多元共治的实践经验，创新我国区域生态文明的建设方式，提高生态文明建设水平。

一　央地协作治理

与世界上大多数国家一样，美国跨区域的生态治理也是由政府主导的公共治理，即运用公权力的管制。从行政管制的模式划分，央地协作治理有两个维度。其一是联邦政府治理，即以行政权为主导的环境管制、立法机关的生态立法行为以及司法系统的环境诉讼裁决。其二是联邦政府组建的综合性生态治理组织。

1. 联邦政府治理

美国联邦政府治理是一种综合性的生态治理体系，将联邦政府的不同权力均有效地在均衡不同区域生态文明建设中得以发挥。因此，美国联邦政府在跨区域协同中的治理模式就是以行政权为主导的环境管制、立法机关的生态立法行为以及司法系统的环境诉讼裁决三者的综合。

（1）环境管制

从 19 世纪中叶开始，联邦政府就成为生态资源管理主导力量，而且在处理区域之间的生态问题上一直秉承着实用主义和合作主义的原则[1][2]。

美国联邦政府设有两个专门的环境保护机构：环境质量委员会

---

① Scheberle D. , *Federalism and Environmental Policy*, Georgetown University Press, 2004.

② Julia W. , Steven L. Y. , *Making Collaboration Work: Lessons From Innovation in Natural Resource Management*, Washington, D. C. : Island Press, 2000.

（Councilon Environmental Quality，CEQ）和国家环保局（Environmental Protection Agency，EPA）。此外，联邦政府其他有关部门也设有相应的环境保护机构。

对协调州际生态事务发挥作用的主要是国家环保局的区域办公室：由于环境监督管理的需要，国家环保局将全美分为 10 个大区进行管理，在每个大区设立区域环境办公室。每个区域办公室在管理的州内代表联邦环保局执行联邦的环境法律、实施联邦环保局的各种项目，并对各个州的环境行为进行监督。虽然国家环保局的机构遍布各州，设置了 10 个区域办公室覆盖全国，但是每个州都设有自己的环境管理机构，不隶属于联邦环保局，但是接受国家环保局区域办公室的监督检查。除非联邦法律有明文规定，州环保局才与联邦环保局合作。对协调州际生态事务发挥作用的主要是国家环保局区域办公室。国家环保局将美国划分为 10 个环保大区，分别设置了区域环保办公室，在各自辖区代行国家环保局职责①。此外，国会和政府间关系办公室（OCIR），作为与国会、各州和地方政府联系的主要联络点，主要就国家环保局的主要项目（如大气、农药、水、废物）及政府间问题与这些部门联系②。

联邦政府进行州际生态治理的主要瓶颈在于难以妥善协调州的主权要求、联邦部门治理项目和不同选区三者间的关系。要实现全国性的生态事务或州际生态事务的善治必须要妥善处理好三方面的问题：其一，双重主权的国家体制使得联邦和州之间利益博弈均衡的达成需要耗费大量的时间和行政资源。其二，生态资源和保护的行政权限又被分割为多个部门享有，部门间、某一部门与各个州、各州之间的利益叠加，集体共识的达成难度更大。其三，在代议制国家，政治选举周期、选区划分对公共政策影响也极为明显，不同的政党、政治人物在宣示党的领导主张时必然首先要考虑政策对选举的影响。这就形成了生态文明建设的整体性理所当然地受制于政治格局。

---

① Anon，*Regional offices*，http：//www2. epa. gov/aboutepa#pane - 4，2013 - 09 - 21.

② Anon，*About Congressional and Intergovernmental Relations*，http：//www. epa. gov/ocir/a-bout. htm，2013 - 09 - 21.

（2）生态立法

州际生态立法主要是美国议会制定的法律，如《河流与港口法》（*The Riversand Harbors Acts*）、《联邦电力法》（*The Federal Power Act*）、《清洁水法》（*The Clean Water Act*）、《濒危物种法案》（*The Endangered Species Act*）、《候鸟条约法》（*The Migratory Bird Treaty Act*）、《鱼类和野生动物的协调行动》（*The Fish and Wildlife Coordination Act*）、《海洋哺乳动物保护法案》（*The Marine Mammal Protection Act*）、《海岸带管理法》（*The Coastal Zone Management Act*）等。这些法案主要是针对全国范围内的区域问题，是进行跨州生态治理的基础性制度规范和原则指引。

生态立法的另外一个方面是联邦部门的行政立法，主要指向具体的区域生态问题，要更有针对性。以国家环保局为例，为实现《清洁空气法案》的立法目标，在1999年颁布了《区域雾霾管理条例》（*Regional Haze Rule*）。该条例的治理对象是全国范围内的156个跨区域的一类大气控制区域，其中有国家森林公园和野生动植物保护区。通过控制大气污染物（包括PM2.5以及会形成PM2.5的化合物），以提高156个区域的大气能见度[①]。同时，该条例明确要求各个州政府制定阶段性的大气污染物减排目标和可操作的具体方案。联邦立法是解决区域之间公共生态资源纠纷与冲突的最佳手段，通过中央立法可以明确不同区域主体对其区域内生态资源的权利义务关系，构建有效的生态资源管理机制，以此协调区域自身利益与公共利益之间的矛盾[②]。

此外，由于实行联邦制，各个州已有较大的自主权——双重主权，导致了公共生态领域治理的复杂性，如同在水资源治理中州拥有基本的水资源管理权，而联邦则可以依据州际贸易条款（Commerce Clause）行使对水资源的行政管辖权。因此，近年来大量学者实务部门一直在呼吁州际水资源纠纷只能通过国会立法解决，因为只有国会立法既能考虑联邦管理的需要，也能满足州际协调的要求，可以实现联邦与州、州与州之间利益的

---

① Anon, *Regional Haze Rule*, http://www.epa.gov/ttn/caaa/t1/fr_notices/rhfedreg.pdf, 2013-12-26.

② Dellapenna J., "Transboundary Water Sharing and the Need for Public Management. Water Resour", Plan. Manage. Special Issue: *TRA*, 2007 (133): 397-404.

均衡。

（3）司法裁决

联邦法院司法裁决被认为是解决州际生态问题的重要途径，是司法主义传统的体现之一。其主要作用是解释有关的环境法律，对环境纠纷进行司法判决和司法审查。联邦的司法系统由最高法院、11个联邦上诉法院和90个联邦地方法院构成，其中依据联邦宪法第三章第二节第二条规定，最高法院对州际纠纷具有司法管辖权。

联邦法院系统对州际生态治理的价值主要体现在两个方面：一方面，通过司法裁决保障生态法令的执行，给予法律实现所需的司法支持。另一方面，公民参与环境治理的有效途径之一就是公益环保诉讼。

通过司法裁决促进区域生态法令执行的典型案例是最高法院对全国性的空气质量标准（National Ambient Air Quality Standards）的裁定。国家环保局在1997年依据《清洁空气法案》（*Clean Water Act*），制定了新的"主要空气质量标准"和"次要空气质量标准"，引起了一些州和行业的反对。大量的诉讼案件要求法院确认国家环保局无权更改由国会制定的国家空气排放标准，更改国家空气质量标准违宪。2001年2月7日，联邦最高法院对惠特曼诉美国卡车联合会一案（Whitman v. American Trucking Associations）作出终审判决，认为环保局提高全国的空气标准属于合宪行为[1]（依据《清洁空气法案》第109条第b款的规定：出于保护公共健康权益的需要可以修正主要空气质量标准和出于保护公民其他权益的需要可以修正次要空气质量标准）。国家环保局最终借助于司法判决获得了推行空气排放标准的司法支持，各州以及各个行业部门不得以各自的经济情况或者是技术水平为由阻碍空气质量的提升。因此，Davidson和Norbeck认为，联邦法院的司法裁决是国家环保局得以推动执行《清洁空气法案》的关键因素[2]。虽然司法裁决对联邦生态法案的执行具有关键作用，但由于联邦最高法院判决是相对静止的，存在对不断变化的生态文明建设情形

---

[1]　Anon. Whitman v. American Trucking Associations, EPA, http：//www.epa.gov/ttn/naaqs/standards/ozone/data/2001_ court_ summary. pdf, 2013 – 10 – 17.

[2]　Davidson J., Norbeck J. M., "Federal Leadership in Clean Air Act Implementation：The Role of the Environmental Protection Agency", *An Interactive History of the Clean Air Act*, Oxford：Elsevier, 2012：19 – 40.

应对的问题①。

司法裁决在州际生态治理中还有另外一个重要作用，即公民和社会组织可以公益环保诉讼的形式参与到生态文明建设之中。公民参与是现代国家生态治理的一个重要特征，也是区别于传统的环境管制的主要因素。通过司法诉讼，公民可以借助国家架构中的司法权对行政权、立法权的宪政设计实现某种势力均衡，依赖司法权实现与行政权的抗争抑或协商，让公民生态治理意愿有效地影响公共生态政策的形成与执行。希尔诉田纳西领域管理局（Tennessee Valley Authority v. Hill）案是典型一例。1978 年以希尔等为首的田纳西州两环保组织和一些公民以 TVA 为被告向联邦地方法院提起民事诉讼，认为 TVA 违反了美国《濒危物种法案》（*The Endangered Species Act*）的规定，要求法院确认其违法并终止影响蜗牛镖（田纳西河一种濒临灭绝的鲈鱼，通常被人们称为蜗牛镖，the Snail Darter，小鱼种）的关键栖息地的泰利库大坝的修建。最高法院做出的终审判决以6：3的优势支持了希尔等人的诉求②③。

2. 特殊组织治理

田纳西河流域管理局（Tennessee Valley Authority，TVA）是依照《田纳西河流域管理局法》成立于 1933 年 5 月的跨州的水资源治理机构，以国有公司的形式运行。位于田纳西州诺克斯维尔，治理区域包括整个田纳西河流域，即田纳西、弗吉尼亚、北卡罗来纳、佐治亚、亚拉巴马、肯塔基和宾夕法尼亚 7 个州中的 4 万平方英里土地。TVA 的职能包括整体规划水土保持、粮食生产、水库、发电、交通等，创新为"地理导向"的一个整体解决方案机构，获得很大的成功，经营至今。它是一种地区性综合治理和全面发展规划，"是美国历史上第一次巧妙地安排整个流域及其居

① SHERK G W, "The Management of Interstate Water Conflicts in the Twenty – First Century: Is it Time to Call Uncle?", *New York University's Environmental Law Journal*, 2005, 12 (3): 764 – 827.

② Murchison K. M., *The Snail Darter Case: TVA Versus the Endangered Species Act*. University Press of Kansas, 2007.

③ Anon, *Tennessee Valley Auth. v. Hill*, US supreme court center, http://supreme. justia. com/cases/federal/us/437/153/case. html. , 2013 – 10 – 17.

民命运的有组织尝试"①。

TVA 取得巨大的成效主要是得益于 TVA 的"依法治局"。《田纳西河流域管理局法》对其职能、任务、权力做出明确规定：TVA 是相对独立的政府机构，只接受总统领导和国会监督，在流域开发管理中也有广泛的自主权，担负流域规划和管理的全部职能，因而可以使其跨越一般的程序，直接向总统和国会汇报，可以避免联邦部门之间以及州与州之间的利益纠葛导致的治理低效②。

作为特殊的治理机构，TVA 体现了多中心治理的基本理念。TVA 作为国家流域管理机构体现了政府对生态的治理，以国有公司形式运行体现出市场对生态问题治理的价值，运行体系注重社区组织，公民的参与则保障了社会力量对生态事务的参与。

二　地方合作治理

州际问题就其本质是府际关系的处理（intergovernmental relationship），因此，州际生态治理方式除了常规的国家立法、行政、司法权之外，还应当包括府际合作机制。州际合作治理生态环境的方式有州际协议式的治理和非正式的央地合作项目治理两种。

1. 州际协议

美国宪法的奠基者、设计者希望各州通过州际协议解决州际争端③。按照最早的联邦宪法，任何一个州都没有能力处理复杂的州际纠纷。因此在符合国会要求的前提下（美国《宪法》第一章第十节第三条），宪法赋予各州可以"永久性"地使用州际协议（在殖民时期被广泛用来解决边界纠纷并为联邦宣言所认可）化解州际争端。

《清洁空气法案》在实现州际大气协同治理方面也极为推崇州际协议。102（a）规定：鼓励各个州之间通过确定州际契约或州际协定就大

---

① Ekbladh D., "Mr. TVA: Grass-Roots Development, David Lilienthal, and the Rise and Fall of the Tennessee Valley Authority as a Symbol for U. S. Overseas Development, 1933 – 1973", *Diplomatic History*, 2002, 26（3）: 335 – 374.

② Anon, *About TVA*, http: //www. tva. com/abouttva/index. htm, 2013 – 09 – 23.

③ Sherk G. W., *Dividing the Waters: The Resolution of Interstate Water Conflicts in the United States*, Hague Nethetand: Martinus Nijhoff Publishers, 2000: 29 – 30.

气的污染和防治展开合作。102（c）指出，在不与联邦法令或者条约相违背的前提下，国会认可州与州之间达成的州际大气治理契约或协议①。

联邦最高法院也倾向各州使用州际协议取代诉讼或者州际协议尽量成为诉讼的前置。在 1991 年 Oklahoma & Texasv. New Mexico 的判决中呼吁当事各方通过多元对话和协议来解决彼此纠纷②。

州际协议优于司法判决体现在三个方面。第一，州际协议易于执行。州际协议是各个州进行广泛协商后的产物，形成了一致的行动共识。较之于法院的司法裁决执行，州际协议属于"自主行动"，效率和成本通常会优于依赖于司法强制力的"被动行动"。第二，州际协议比法院裁决更适应经济发展需要。司法裁决通常是针对某种特殊情形做出的一种"静止"性的评价，而且这种评价的做出会花费较大的时间成本。正如 New Jersey v. New York 判决虽然对 Delaware 流域各个州水资源的分配作出裁决，由于裁决不能适应经济发展进而造成流域各州发展的困境，最终是通过联邦与相关州达成州际协议，成立特拉华流域委员会化解这一困境。第三，州际协议比单一司法裁决的调整内容更为丰富，如美国渔业和野生动物部门所涉及的 38 项州际协议，其调整内容包括水资源分配、污染控制、防洪、水资源管理等③④。

州际协议的执行通常有三种方式。第一，设置常设的办事机构。绝大多数的区域协议会设立委员会用以执行州际协议内容。完善的区域协议委员会应当包括联邦代表、缔约州州长或者是其代表，并且要突出联邦代表或者联邦顾问的地位：在表决重要事项时各州必须与没有表决权的联邦代表取得一致意见⑤。第二，司法倒逼。诉讼是强制各州履行协议的重要手

① Anon, *The Clean Air Act*, http：//www. epw. senate. gov/envlaws/cleanair. pdf, 2013 - 12 - 25.

② Hutchins W. A. , Water Rights Laws in the Nineteen Western States [Hardcover], Washington. DC：The Lawbook Exchange, Ltd. , 2004：66.

③ Mandarano L. A, Featherstone J. P. , "Paulsen K. Institutions for Interstate Water Resources Management", *Jawra Journal of the American Water Resources ASSO*, 2008, 44（1）：136 - 147.

④ Mccormick Z. L. , "Interstate Water Allocation Compacts in the Western United States-Some Suggestions", *Water Resources Bulletin*, 1994, 30（3）：385 - 395.

⑤ Kenney D. S. , "Institutional Options for the Colorado River", *Water Resources Bulletin*, 1995（31）：837 - 850.

段。这一方式在西部较为显著，如新墨西哥州与得克萨斯州有关皮克斯河（Pecos River）的州际协议的执行，科罗拉多州、内布拉斯加州与堪萨斯州就共和河（Republican River）达成的州际协议的执行均是依赖于联邦法院的司法裁决。第三，建立资源使用规制。西部的州际协议通常会直接设立控制水量和流量相应的规制，以协调上下游之间的用水量。

州际协议执行还面临一些障碍。首先，州际协议往往只关注资源的分配，而忽视资源的生态品质控制和栖息地环境保护等方面。其次，要求达成一致意见的合作协议往往形成的却是低效的决定，最终导致州际协议只停留在流域各州的信息收集和联邦政府的沟通中介。最后，许多州际协议订立的时间较早以至于难以应对当下的治理局面，也不能够与联邦生态文明建设项目和规划相一致——难以将联邦部门与政策整合进区域协议的框架内。

2. 联邦政府发起的州际合作

联邦政府发起的州际合作治理是联邦政府在区域生态问题的新创举。其典型代表是依据《1965 年水资源规划法案》（WRPA）设立的河流流域委员会和依据《清洁水源法修正案》建立的联邦—州合作治理典范的全国河口计划。

流域委员会的管辖范围包括水资源和与之相关的土地资源，职权包括协调联邦与州之间、州际、州内地方政府的水资源发展计划、筹备以及更新较为完善的合作计划，要求各方提供相关数据，但是国会限制流域委员会不得直接调整和管理水资源，这就导致流域委员会难以制定出有效的区域规划和缺乏直接的资源管理权限。这就决定了流域委员会治理效果有限。

全国河口计划是联邦—州的合作治理，由联邦发起，各相关州参与。这种合作治理目前较为普遍，因为其建立和维护都比较容易，而且各方保护自己的管辖权的同时还能获益。联邦对合作关系的支持有法律的明确规定，各州通常是受到达成的谅解备忘录和参与部门的行动决议约束。联邦—州的合作方式是卓有成效的，培育了有创新意识的州际问题解决机制和技术能力。但由于是一种合作而非系统的项目治理，联邦—州合作经常受制于资金和人员有限的困扰，以至于难以独立开展工作，面临协调和执行难的问题①。这一问题的解决就必须通过国会制定专门的法令②。

三　基本经验

1. 州际生态治理是一种综合性治理

首先，体现为传统的国家权力综合运用。立法权、司法权与行政权的多管齐下、协同作用。生态文明建设是一个系统工程，需要不同的国家权力机关充分发挥其在社会事务管理中的职能作用，各司其职、互相配合，方可形成治理合力——立法机构提供良好、充分的生态文明建设制度供给、执法机构积极作为确保生态法令在现实中得以有效的运行、司法机构为法令的实施提供必要的司法支持并在一定程度上修正、创设新的生态法律。唯有如此，摒弃生态文明建设的"立法崇拜""行政中心主义"，政府的公共权力机构协同作用，方可确实履行国家的公共服务职能，促成州际生态"善治"的实现。

其次，体现为传统国家治理与府际合作治理的结合。传统的公共事务管理实施主体无外乎立法、行政和司法机构，其中主要以行政机构为主，面对工业时代之前的社会事务尚可应对。但在后工业时代，传统治理模式面对复杂的州际生态事务就频现"治理失灵"的问题，因此新的治理方式在实践中应运而生，即府际合作治理。府际合作治理既包括州与州之间的协商合作，也包括联邦政府与州之间的央地合作。府际合作治理较之于传统的国家治理更为灵活便捷、更能侧重于治理主体的协商合作，通过不同主体的利益诉求得以充分博弈达成一致的集体行动共识，因而其治理效果更为有效。州际生态治理就是将既确保传统与府际合作治理方式各自内部不同的治理手段积极作为，也实现了两者的综合治理。

2. 州际生态治理是制度之治

法治是公共治理的运行前提和制度保障。通过法治宪政建设确保公共治理所需的"理性的政府、成熟的市场、发达的社会"的形成，积极推

---

① Mandarano L. A., *Protecting Habitats: New York-New Jersey Harbor Estuary Program Collaborative Planning and Scientific Information*, Philadelphia, Pennsylvania: University of Pennsylvania, 2004.

② Sherk G. W., "The Management of Interstate Water Conflicts in the Twenty – First Century: Is it Time to Call Uncle?", *New York University's Environmental Law Journal*, 2005, 12（3）: 764 – 827.

动现有公共治理改革和新型公共治理机制、文化的成长与繁荣，通过制度保障在政府主导的生态文明建设中市场和社会主体能够充分表达意见、平等参与决策、有效地监督落实。值得注意的是公共治理语境的法治外延有所发展——不仅是传统的"硬法"之治，还包括那些不能运用国家强制力保证实施的"软法"之治。由于软法是通过区域之间的合作、协商生成的，其治理效果优于硬法在区域合作治理中发挥的作用。因此，州际生态治理中的制度之治的体现形式既包含传统的成文法，也包含司法创设的判例法，还包括广泛存在并且发挥了重要作用的、为联邦宪法和司法判例所认可的州际协定。

3. 州际生态的多元治理

多元治理意味着公共治理中政府、市场和公民社会的有效参与。政府治理不再是公共治理的唯一模式，市场化和公民社会参与治理均成为公共治理中不可或缺的部分。州际生态治理就包含了政府、市场、社会不同的治理方式。传统治理暂不赘言，市场化治理主要体现在田纳西河流域管理局（TVA）成果卓著的公司化运作管理，而公民治理则体现在以公益环保诉讼为代表的公民参与治理。任何一种治理方式均有其内在缺陷，难以应对复杂多变的州际生态事务，将三种不同的方式有机统一起来便可提高治理效率，更好地对公共事务进行控制和引导。

四 对我国区域生态文明建设协同发展的启示

中国与美国在跨区域生态文明建设方面有很大的相似之处，同属幅员辽阔的大国，而且中国处于美国工业化发展早期的环境危机频发的阶段。美国生态治理的经验之所以可以为我国提供参考还由于两国在行政管理体制上具有一定的相似性。美国实行的是联邦制，各个州具有相当的自主权。我国是单一制国家，但是各个省市区都享有较大的自主权，部分权力甚至超过了联邦州的自主权范围，因此有学者指出我国实行的是"行为联邦制"[①]。因此，我国的跨区域生态文明建设要在立足国情的基础上，积极借鉴美国生态治理的经验，探索出适合自身的生态文明建设道路。

---

① 郑永年：《中国的"行为联邦制"——中央—地方关系的变革与动力》，http：//www. 21ccom. net/articles/read/article_ 2013041981 703_ 2. html，2013 – 04 – 19。

1. **实现传统的环境管制与府际合作治理的统一**

我国跨区域生态文明建设困境的出现与现有的环境管理体系有一定的关系。生态管理机构设置实行的是环境保护和生态资源分割管理的体制：环境保护部负责环境保护与污染防治，而生态资源则分别由水利、国土、林业、大气、海洋等部门管理——被称为"九龙治水"，导致本应整体性的生态文明建设被专业化的官僚机构所割裂。加上环境管理属于"行政区生态"，生态文明建设被行政区划所分割，各地政府只对本辖区的生态环境负责。这种"部门分割""区域封闭"的环境管理体制显然难以满足区域生态协同发展的要求。

府际治理是指在现有体制下，通过不同政府、部门之间充分的协商、博弈，最终达成集体治理共识，进而实现公共事务的合作、协同治理。因为府际治理依据的是主体之间的行动共识，各方利益实现最优化，因此参与者具有较高的行动积极性，治理的目的较为容易实现。传统的国家治理体系很难对层出不穷的跨区域生态问题作出具体规范，而且无论是生态行政、生态立法以及司法裁决，都需要花费较大的人力、物力、财力，还要付出高昂的时间成本，往往治理的结果并不尽如人意。美国的州际生态治理更多依赖于州际合作，以弥补传统治理的空白，这其中包括州与州之间的合作、联邦部门与州政府之间的合作。

立足现有国家治理体制，借鉴美国州际生态治理体系的经验，我国区域生态文明建设协同发展应当广泛开展府际生态合作治理，将环境管制与府际合作治理有机结合起来，既要深化行政体制改革，整合生态执法主体，构建职权统一、分工协作的生态行政执法体制，也要积极促进、鼓励、保障各个地方政府之间开展规范的生态合作治理。

2. **规范区域行政协议的制定与实施**

区级行政协议是府际合作的文本体现和实施规范，因为跨区域的生态文明建设主要方式是府际合作治理，因此制度化的区域行政协议就成为跨区域生态文明建设的制度支撑。美国联邦对州际生态治理极为鼓励和推崇，在宪法和其他生态单行法中都明确提出鼓励地方采取行政协议的方式进行生态文明建设，并且对州际协定的制定、实施、责任承担都有明确的规定。

在我国，生态环境治理压力较大的地区也有区域行政协议的出现，主要集中于珠三角、长三角和京津冀地区，如《泛珠三角区域环境保护合作协议》《泛珠三角区域跨界环境污染纠纷行政处理办法》《泛珠三角区域环境保护产业合作协议》《京津冀都市圈区域规划环境保护与生态文明建设专题规划》《长江三角洲地区环境保护合作协议》等。但是这些区域行政协议只是区域间政府对环境压力作出一种自发探索与尝试，协议性质归属、产生的责任界定以及行政协议纠纷的解决机制均缺乏明确性法律甚至是法理的指引，即区域行政协议目前没有相应的法律基础，从而令该类协议面临法律适用上的困境。因此，未来应当修订法律法规，将区域行政协议的法律性质、纠纷解决、违约责任承担方式作出确定性规范，以确实发挥其在跨区域生态文明建设中的积极作用。

3. 保障市场的参与治理

美国州际生态治理的一个特点就是有市场和社会力量的参与，以实现多元参与治理。市场可以促进生态资源在不同区域之间实现优化配置，提高资源的使用效率。

就市场参与治理而言，田纳西流域管局就是公司化的运作管理。田纳西流域管局按照国有公司的经营管理田纳西河流域的生态资源，实现了生态保护和资源开发利用的有机统一，实现流域的综合性治理。

十八届三中全会正是基于市场在国内生态文明建设实践的成效，提出要建立区域之间的环保市场化机制，推行跨区域的市场治理。跨区域市场治理目前主要包括三个方面。第一，在主体功能区规划的原则下，完善对重点生态功能区的生态补偿机制，推动区域之间建立横向生态补偿制度。第二，大力发展环保市场，推行区域之间、区域内部的碳排放权、排污权、水权交易制度。第三，建立吸引社会资本投入生态环境保护的市场化机制，推行环境污染第三方治理。

4. 注重发挥司法在跨区域生态文明建设中的调节作用

司法常被称为社会矛盾的"调节器""安全阀"。司法在跨区域生态文明建设的调节作用主要是指通过司法裁判来解决中央与地方、地方与地方之间生态利益纠纷。

司法在美国的州际生态治理中发挥了重要作用。一方面，运用司法裁决推动生态法令的实施、确立新的生态判例法，在司法实践中逐渐修正了生态法；另一方面，就是保障州际协议的确实履行。

我国虽然并没有实现判例法制度和"违宪审查制度"，但是存在最高人民法院的案例指导原则，可以视为一种"准判例法"。通过涉及跨区域生态文明建设的行政、民事以及刑事诉讼，依托司法程序化解区域生态文明建设实践中的权益纠纷，形成的司法裁判则可以在全国跨区域生态文明建设实践中形成一个明确的预期，发挥法的指引、预测、评价功能。

5. 创新跨区域生态文明建设主体

田纳西流域管理局的成功经验说明跨区域生态文明建设不可拘泥于传统的单一国家科层治理，亦不应局限于单一的市场和社会组织，应当勇于制度创新，将政府治理、市场治理和社会治理机制统一应用，创新治理组织的模式。公司化的运营有助于实现跨流域生态资源的优化配置，社会治理机制可以确保公共治理的民主性、科学性，而行政组织属性有助于提高治理效率，协调中央和地方之间的利益纠葛。

我国区域生态文明建设主体主要是中央部委的派出机构和松散的区域政府间的生态文明建设联席会议。中央部委的派出机构主要是环保部的地区督察中心与水利部的大江大河委员会，均只属于行政事业单位，职能仅仅是被派出机构部分监管部门的延伸。而区域联席会议在我国跨区域治理实践中出现时间较短，规模较小，规范性、协同性较差。民间机构目前在生态文明建设的影响力主要是环保组织的环保宣传和舆论监督，其在区域生态文明建设中尚未形成有效。可见，我国跨区域生态文明建设组很不成体系，有效的区域生态文明建设主体目前处于"缺席"的状态，更奢谈组织的创新。因此，在我国区域生态文明建设中，要注重治理组织的培育和发展，解放思想，摆脱组织属性的束缚，立足实际因地制宜地创新区域生态文明建设的组织模式。

第五节　跨区域生态文明建设协同发展的软法之治

跨区域生态文明建设是一项极具复杂性的公共事务，有效运行要以系统且优质的制度供给为保障。由于公共生态法律关系有别于传统的法律关系（民事、刑事、行政法律关系），导致传统的"控制—命令"型法律规范难以适应于跨区域生态文明建设领域。加之立法的滞后性和规范的宏观性，立法机关无法制定出细致入微的法律制度以规范复杂的、不确定的、碎片化的跨区域生态事务。因此，良好的跨区域生态文明建设的实现必须寻求拓宽制度供给的途径补充。基于协商民主产生的软法可以及时有效地回应跨区域生态文明建设中出现的诸多复杂问题，而且通过软法创设政治性责任可以有效弥补传统法律责任在跨区域生态文明建设中的空白，拓展生态文明建设法治化的疆域。所以，通过软法促进跨区域生态文明建设事务的善治的实现，既是顺应公共治理时代的必然选择，也是推进国家治理体系和能力现代的应然之义。

一　软法之治的兴起

软法的兴起主要始于 20 世纪中后期，传统的国家管理模式的式微，公共管理领域出现了"从管制到治理"的转型，与侧重平等协商、参与互动的治理理念相一致的软法开始在公共治理领域日渐强势。国外发达国家的公共治理实践中，大量存在的软法承担着重要的制度供给职能[①]。

生态法制体系既需要考虑科技水平的发展程度，而且又要与经济发展的水平相适应，还要考虑应对环境危机的突发性。这无疑增加了立法的难度和变数，对传统法律的被动型属性提出了挑战。美国 1970 年生效的《国家环境政策法》宣告一种新的法律类型的形成。该法共计 26 条且绝大部分是软法规范（伦理性规范、授权性规范、义务性规范），主要涉及联邦政府与州政府在环境保护方面的分权协作。该法确立了环境政策法的地位、环境影响评价制度以及国家环境保护的责任等方面。目前全世界有大约 80 多个国家以此为模板展开生态立法[②]。软法型的生态法律成为现代国家生态文明建设重要的制度构成。软法治理是一种开放式的公共管理，强调集体选择、公众参与、民主协商、共担社会责任，可以弥补传统的行政管制或者行政管理跨区域生态文明建设的一元主导、刚性约束、社会考量不足等问题。

二　软法对跨区域生态文明建设的价值

软法在跨区域生态文明建设中的价值主要体现在三个方面，第一可以

---

① 黄学贤、黄睿嘉：《软法研究：现状、问题、趋势》，《公法研究》2012 年第 1 期，第172—197 页。

② 陈廷辉：《环境政策性立法研究》，中国政法大学出版社 2012 年版，第 2—6 页。

为跨区域生态文明建设提供充分的制度供给；第二有助于在公共生态领域实现多元治理；第三有助于完善生态法律责任体系。

1. 有助于满足跨区域生态文明建设的制度诉求

软法的出现、兴起主要是源于硬法在公共领域的缺失。换言之，软法是作为化解公共治理巨大的制度需求与现行法律制度供给严重不足的矛盾的角色出现的。在一个充满不确定性、多元利益关系冲突频繁、信息不完全的现代社会，仅仅依靠硬法显然不足满足人们对于制度的和秩序的需求、对正义的渴望，尤其是当部分硬法束之高阁，而软法又普遍游离于法治之外的时候，法律的权威就被"打折"①。具体而言，当硬法无法覆盖到跨区域生态文明建设的范围时，软法就会必然出现，进而使得跨区域公共治理得以纳入法制化治理的轨道。

硬法的创制需要一个较长的过程，按照《立法法》的规定，一项法律的出台通常要经过立法议案的提出—立法议程—会议审验—草案审议—公布—执行—修正等程序。生态立法或府际关系立法目前还相当滞后，无法解决目前众多的、复杂的跨区域生态文明建设权益纠纷。因而通过立法机构制定专门的跨区域生态法律制度的周期较长、成本较大。加之立法具有滞后性（立法均是对以往经验的总结归纳，是一种经验主义的判断），难以适应社会经济形势的迅速变化。社会转型期的法律主体的利益诉求变化更为迅猛，因此即使是制定了相关的硬法也同样难以应对跨区域生态文明建设的制度需求。此外，无论是执法还是司法行为都有严格的法律程序，均需要较大的人力、物力、财力和时间成本。

与之相反，软法的创制具有灵活性、针对性，并且可以依据时空的变化而进行自我调整。软法通常是各方主体利益博弈后达成的行动共识，对创设的主体、程序性的要求不如硬法严格。因此在具体的跨区域生态文明建设中，当缺乏相应的硬法规范时，生态区域内的治理主体可以就相关问题进行协商，在协商一致的基础上创设软法，用以保障跨区域生态文明建设的顺利进行。

2. 有助于实现多元治理

软法与治理理念相契合，强调多元治理主体之间互动协商、参与治

_____

① 刘小冰：《软法原理与中国宪政》，东南大学出版社 2010 年版，第 31 页。

理。因此，软法不再依赖于国家强制力为保障得以实现，不再局限于传统的国家行政管制，而是借助于多元参与主体之间诚实信用、主体之间奖惩措施、政治惯例、社会舆论等事项而实现。软法的实施主要是依赖于主体间的自治，这样可以最大限度调动参与主体的积极性，降低制度执行和实施的时间成本和社会成本。通过软法的规范，可以使得社会和市场参与到生态文明建设之中，实现在跨区域生态文明建设中的多元共治。《改革决定》指出，生态文明建设要"发展环保市场，推行节能量、碳排放权、排污权、水权交易制度，建立吸引社会资本投入生态环境保护的市场化机制，推行环境污染第三方治理"①。

3. 有助于完善生态法律责任体系

由于生态文明建设中政府高度的参与性，政府存在的合法基础之一就是提供优质量足的公共生态产品。加之生态问题的负外部性主要由政府调节，尤其是跨区域生态问题的负外部性问题必然主要依赖于政府解决。因此，政府就成为生态文明建设的义务主体。但是传统的法律责任划分依据是主体的行为属性（民事、刑事、行政责任），政府的生态文明建设行为并不能完全被这三种责任所涵盖，因此就出现了诸多法律责任的空白。生态环境问题大多数与地方政府的发展方式有关，粗放式的经济增长方式和对 GDP 的盲目追求导致了资源的低效利用和生态环境的严重破坏，加之盲目的发展战略决策和形象政绩工程，更是对生态产生严重的危害，但是行为却无法根据传统的法律责任进行约束。世界各国的生态法律发展的一个基本趋势就是增加新的生态法律责任形式，弥补生态文明建设责任与传统法律责任之间的间隙，以实现对生态法律事务的有效治理。问责制是最具代表性一种新的法律责任形式，就是对负有生态文明建设责任的政府设置法律责任，主要形式是在软法规范中对党政干部和相关机构的政绩考核中做出相应问责制的规定。《2007 年国务院政府工作报告》就指出，"问责制是节能环保领域的八大重点工作之一"②。

---

① 新华社：《中共中央关于全面深化改革若干重大问题的决定》，http：//news. xinhuanet. com/politics/2013－11/15/c_ 118164235. htm，2014－05－27。

② 温家宝：《2007 年国务院政府工作报告》，http：//www. gov. cn/test/2009－03/16/content_ 1260188. htm，2007－03－17。

三　跨区域生态软法运行的审视

1. 主要形态

在跨区域生态文明建设领域的软法主要形态包括软性法条、公共政策、行政协议等。由于我国的成文法中对跨区域生态文明建设的法律规范尚不多见（仅在《环境保护法》第二十条中有原则性的规定①），而公共政策中对跨区域生态文明建设的规定主要还是一种口号式的宣示，因此行政协议成为了我国跨区域生态文明建设软法的主要形态。

按照制定和实施主体的不同，公共政策可分为国家性政策、社会性政策与政党性政策，经常会冠以纲要、计划、规划、规程、指南、指导意见、建议、要求、示范等名。由于公共政策可以对社会变迁进行及时的回应，有效地弥补硬法在应对社会变迁略显迟钝的不足，因而公共政策成为极为重要的软法形态。但是，由于当下生态文明建设依然是以传统的环境行政管理为主，沿袭的依然是"行政区环保"的模式，因而国家政策、政党政策等软法形态对跨区域生态文明建设的规定主要是在涉及全国性的环境保护工作时对跨区域生态文明建设进行一种口号式的宣示，而且数量也极少，鲜有具体的跨区域生态事务治理的具体规范。在"十二五"时期对国家未来发展起到关键的决定性作用的软法文件，如《十八大报告》《国民经济和社会发展第十二个五年规划纲要》《中共中央关于全面深化改革若干重大问题的决定》对于跨区域生态文明建设内容的规定仅仅停留在倡导生态补偿的层面内，与跨区域生态文明建设的要求还有较大的差距。

行政协议是两个或者两个以上的行政主体或行政机关，为了提高行使国家权力的效率，也为了实现行政管理的效果，在意思表示一致情况下形成的行动共识。它本质是一种对等性行政契约，是一种典型的软法。由于简洁的创设程序、平等协商、自主执行等特性，跨区域行政协议在公共治理领域广为使用。行政协议一般是首长联席会议制度的结果，具体表现形式有"（实施）意见""协议（书）""宣言""提案""意向书""议定书""倡议书""章程""纪要""方案"以及"计划"等。跨区域行政

---

① 全国人大常委会：《中华人民共和国环境保护法（2014 年修订）》，http：//vip. china-lawinfo. com/newlaw2002/slc/slc. asp？gid＝22397 9，2014－04－24。

协议近年来在促进区域经济一体化中发挥了建设性作用，现在也开始在跨区域生态文明建设领域大量涌现。目前跨区域生态文明建设的跨区域行政协议大致有两种主要类型。一种是参与主体是某一生态区域内的政府主体，如在2005年福建、江西、湖南、广东、广西、海南、四川、贵州、云南九个省区和香港、澳门特别行政区等地区签订的《泛珠三角区域环境保护合作协议》。另一种是由中央部门与地方政府共同参与制定，如2014年环保部与全国31个省（区、市）签署了《大气污染防治目标责任书》。目前在生态生态环境压力较大、互相依存程度高的相邻省区间，如长江三角洲、珠江三角洲、首都经济圈等已经有大量的跨区域行政协议的产生，并对跨区域生态文明建设产生了积极的影响。因此，对跨区域生态文明建设中的软法现实考察将主要围绕跨区域行政协议展开。

2. 治理效果评价

跨区域生态文明建设的软法主要是行政协议，集中于泛珠三角区域、环首都经济圈、长三角区域等。比较有代表性的跨区域行政协议有《泛珠三角区域环境保护合作协议》《泛珠三角区域跨界环境污染纠纷行政处理办法》《泛珠三角区域环境保护产业合作协议》《京津冀都市圈区域规划环境保护与生态文明建设专题规划》《北京市与周边地区水资源环境治理合作资金管理办法》《长江三角洲地区环境保护合作协议》等。这些协议的主要治理内容集中在流域水资源保护、环境监测、联防联控、流域生态补偿等方面。

行政协议的出现，填补了传统硬法在跨区域生态文明建设领域的制度空白，成为重要的制度供给。在协调区域间环境纠纷、促进环境保护合作、协调跨区域发展规划等方面做出了积极贡献，但是还存在诸多不足之处。

（1）软法的覆盖范围主要集中于经济发达区域

区域经济一体化成为跨区域生态文明建设的主要动因，而协同治理生态则成为区域可持续发展的必由之路，如长江三角洲经济区、珠江三角洲经济区、环首都经济圈。发达经济和成熟经济一体化合作机制为区域间生态文明建设提供了坚实的物质与制度基础，因而区域环境协同治理在这些区域既"必需"也"可能"更"可为"。与之相反，在经济欠发达亦有环境压力的区域治理主体虽有协同治理之"心"，却难有治理之"力"。

因此，软法治理的区域占我国的国土面积的比例还比较低。

（2）软法的治理内容局限于水污染防治和大气治理

其他生态要素的治理还未被完全纳入跨区域生态软法的治理范围之中，而且就水和大气治理而言也主要是集中于污染的防治阶段。就此可见，目前的跨区域生态既没有实现生态要素的综合治理，也没有实现环境保护与经济社会发展的综合决策治理，仅仅是关注于区域间环境保护与防治的协调。此外，软法的参与主体以地方政府的环保和水利行政管理部门为主，与多元主体参与治理的目标还相去甚远。

（3）软法创设的规范性欠佳

软法条款一般包括标题性条款、介绍性条款（主体条款、目的条款、基本原则条款、授权条款）、合作安排条款、履行方式条款、成本收益条款、违约责任条款和纠纷解决机制条款、生效时间条款以及日期条款和其他条款①。这些内容都应当在区域行政协议中体现，但是由于目前行政协议的创制所受到的制约较少，导致跨区域行政协议先天地形式理性不足②。尤其是许多行政协议未约定履行中的违约责任、监督和纠纷解决机制，导致在履行行政协议的过程不可避免地会产生矛盾、摩擦甚至是冲突，使得生态合作治理共识将难以实现，违约责任条款可以约定违约责任的形式、违约责任的规则方式以及追究责任的程序，而可供选择的纠纷解决机制主要有行政解决机制、司法解决机制以及仲裁裁决机制。

（4）软法缺乏硬法的保障和公众参与

区域生态行政协议是目前主要的跨区域生态文明建设的方式，但是跨区域行政协议只是区域间政府对环境压力做出的一种自发探索与尝试，协议性质归属、责任界定以及行政协议纠纷的解决机制均缺乏明确性法律甚至是法理的指引，即跨区域行政协议目前没有相应的法律基础，从而令该类协议面临法律适用上的困境。目前跨区域行政协议的履行更多是依赖于区域政府的自觉和行政首长的意志推动，缺乏必要的长

---

①　叶必丰：《行政协议　区域政府间合作机制研究》，法律出版社 2010 年版，第 178—183 页。

②　宋功德：《什么造成了软法的负面效应》，http：//newspaper. jcrb. com/html/2010 - 09/23/content_ 54243. htm。

效制度保障。

根据《立法法》《行政法规制定程序条例》和《规章制定程序条例》的规定，法律、法规和规章的制定应征求公众的意见，甚至在必要时举行听证会。行政协议作为一种软法形态，从其制度属性角度而言必须确保其指定过程中的公众参与。而且，作为软法存在的跨区域行政协议要充分体现软法的协商性、民主性、多元性。因此，行政协议的制定过程无论是依照制度规范还是从本质属性而言，均必须保障公众参与。但是目前大量存在的跨区域行政协议并未设置公众参与环节，公众的生态文明建设意愿和诉求没有顺畅的表达渠道，甚至行政协议的最终文本尚不公开。政府与公民社会、市场之间的互动缺乏，难以实现跨区域生态文明建设的多元主体的共同治理。

四 跨区域生态软法的发展要略

1. 丰富跨区域生态文明建设领域中的软法类型

目前跨区域生态文明建设领域的软法的形式主要是区域行政协议，其他类型的软法在跨区域生态文明建设中并不多见。远未形成较系统完善的软法体系，软法在跨区域生态文明建设中的功能没有得到充分有效的发挥。此外，跨区域行政协议也仅仅局限于环保和水利行政部门，其他具有生态管理职能的行政部门的参与有限。这就导致原本是以多元主体参与治理的最终体现和制度保障出现的软法与其创设目标渐行渐远，没有实现整体性和协同性的生态文明建设。因此，在未来跨区域生态文明建设实践中首先应当拓展跨区域生态文明建设的软法形态和参与主体，充分发挥不同的软法类型在跨区域生态文明建设中的不同价值作用，将多元的生态文明建设主体吸收到跨区域软法的创制、执行和监督过程中。

2. 用硬法规范软法

通过软法实现跨区域生态问题的"善治"并不是意味着用软法将硬法代替，而是指软法要与硬法在生态文明建设领域中实现协同，克服硬法和软法二者只选其一的做法，构建混合法治模式。软法和硬法在跨区域生态文明建设领域的关系应当是分工合作、相辅相成。第一，软法是硬法制定的前奏和准备。国家应当尽快出台生态文明建设和跨区域管理的法律制度作为跨区域生态协同发展的根本保障（可以命名为《生态法》和《国家区域管理法》），或者是通过修改现有的《环境保护法》做出相关规定。第二，在硬法调整跨区域生态文明建设问题"缺位"和"失位"的领域，软法发挥与硬法相同的功能，确立跨区域生态文明建设主体间的共同行为准则和目标。第三，软法对硬法在特定环境下的实施起到重申和强调的作用。第四，软法通过执法和司法行为的确认，获得与硬法相似的拘束力。

软法的永续发展要依赖硬法的保障，包括通过硬法明确软法在跨区域生态文明建设中的价值地位、制定主体及其权限、跨区域行政协议的法律性质、纠纷解决、违约责任承担方式等方面做出确定性规范。

硬法还应当规范软法的创制程序。法治在一定程度上就是一种程序之治，而软法本身也是一种程序民主的商谈机制的体现，因此规范的程序对软法而言尤为重要。规范软法的程序第一是在软法的运行程序中要保障多元参与、公众参与，以此确保软法制定的民主性、科学性。这是软法的重要特征和最明显的优势。第二是规范软法的结构内容。软法条款一般包括标题性条款、介绍性条款（主体条款、目的条款、基本原则条款、授权条款）、合作安排条款、履行方式条款、成本收益条款、违约责任条款和纠纷解决机制条款、生效时间条款、前述以及日期条款和其他条款。其中对协议履行中的违约责任、监督和纠纷解决机制的约定关系到软法是否能够得以实现。

3. 拓展软法在跨区域生态文明建设中的运用范围

拓展软法在跨区域生态文明建设中的运用范围主要包括两个方面。一是在更为广阔的区域生态文明建设中使用软法的手段。二是指软法应当在生态文明建设的全过程有所参与，而非仅仅停留在污染的防治层面。

目前以跨区域行政协议为代表的跨区域生态文明建设软法主要集中在经济较为发达区域，在其他面临跨区域生态文明建设压力而且又没有硬法制度供给的区域软法规范的数量和质量均很难满足区域生态文明建设的制度需求。因此，要解决跨区域生态文明建设巨大的制度需求与现有法律制度供给严重不足的困境唯有在更为广阔的生态区域充分有效地运用软法。依托软法为跨区域生态文明建设提供充足优质的制度供给。

现有的软法的创设目的主要是解决跨区域的生态污染防治问题。生态文明建设包括有生态监测和评价、生态规划、生态公共政策形成、生态公共政策执行（生态工程建设、生态保护、生态修复、生态防治、生态补偿)以及生态监督等方面。同时,生态文明建设是个系统工程,并不能仅仅局限于生态领域的治理,唯有生态与发展的综合决策,生态与经济、政治、文化、社会协同作用才能够实现良好的跨区域生态文明建设。而现有的跨区域生态文明建设软法则仅仅停留于污染的防治问题。显然这是一种被动式、单方面的治理,其治理的范围和效果局限性很大。因此,在未来跨区域生态文明建设进程中要将软法拓展到跨区域生态文明建设的各个环节、多个领域。

软法对硬法的功能有三种:一种是"前法律功能"(apre-lawfunction),是指具有预备性和资料性的软法文件;一种是"后法律功能"(apost-lawfunction),是指具有解释性和决策性的软法文件;一种是"与法律并行的功能"(apara-lawfunction),是具有指挥性的文件(steering-document)的软法文件①。前两种功能中的软法都属于硬法形成或完善的临时性存在,而第三种软法的功能则决定软法在某种程度上是硬法永久性的替代品,换言之,软法是法律体系中一个重要、不可或缺的组成部分。具体到生态文明建设领域,作为跨区域治理典范的欧盟在环境治理领域大量地使用具有软法性质的开放协调机制(OMC),并与传统的立法相结合,在环境治理领域取得了积极的效果。因此,在实现我国跨区域生态文明建设的实践中要充分认识和把握软法重要作用,使软法和硬法协同作用,共同促进跨区域生态文明建设的协同发展。

---

① Linda Senden, "Soft Law, Self – Regulation Ang CO – Regulation In European Law: Where Do They Meet?", *Electronic Journal of Comparative Law*, 2005, 9 (1): 23.

结　　论

一　主要内容总结

1. 党的十八大报告指出，生态文明建设在"五位一体"的中国特色社会主义事业总体布局中具有重要地位，所以系统间的协同发展主要体现为生态文明建设融入经济建设、政治建设、文化建设和社会建设的各个方面和全过程。第一，经济与生态文明建设协同发展的动力是生态化技术创新，载体是生态化产业，重点是发展战略性新兴产业。第二，政治与生态文明建设协同发展的核心是完善生态化党的领导方式，主体是构建生态化法治体系，基础是生态化民主建设。第三，文化与生态文明建设协同发展的前提是普及生态意识，关键是传播生态知识，目标是树立生态化思维。第四，社会与生态文明建设协同发展的抓手生态民生项目建设，出发点和归宿是生态化人口生产，中心是大力发展生态化社会组织。

2. 生态文明建设的构成要素主要有环境资源、价值理念和制度体系。生态文明建设要素协同发展存在三个方面的问题，即生态价值观的整体性缺失、制度规范的系统性匮乏以及生态系统失衡。从现代国家治理的理念出发，实现生态文明建设要素协同发展要以综合性的制度体系为驱动。综合性体现在制度调整内容的综合、实体和程序规范的综合以及制度类型上软法和硬法的结合。生态文明建设的制度体系建设重点突破在于健全自然资源资产产权制度和用途管制制度、划定生态保护红线、实行资源有偿使用制度和生态补偿制度以及改革生态环境保护管理体制等方面。

3. 生态问题的公共属性决定了生态文明建设要有整体性、全局性和协同性的考量，在空间的维度上体现为各个区域的协同推进。运用空间统计分析的方法对我国省域的生态文明建设间的协同度进行测量，科学地把握生态文明建设的区域差异。中央政府和地方政府是我国区域生态文明建设主要的两个治理主体，区域生态问题的根源就是中央与地方政府、地方政府之间的治理博弈难以达到均衡。在对跨区域生态文明建设现状和美国经验分析的基础上，本书认为实现区域生态协同发展的出路在于完善区域生态协同组织和构建以软法为主的混合法治体系。

二 研究不足

1. 对生态文明建设理论的整体把握欠佳

生态文明建设理论本质上是一种多学科交叉的结晶，渗透着经济、政治、社会、法律等社会科学和哲学、伦理学等人文学科思想，而且必须以环境工程、生态学等自然科学为支撑。西方发达国家经历过的不同发展阶段所出现的生态问题在我国当下以共时态的形式出行，更使得我国生态文明建设没有先例可循。庞大的体例和复杂的问题对研究者提出了极高的要求。笔者目前还无法自如地驾驭庞杂的生态文明建设"理论群"，研究还有诸多有待完善之处。

2. 对生态文明建设和其他社会有机体的分析系统性缺失

生态文明建设与其他社会有机体之间的协同发展关键是要找到它们的耦合点，既要对经济、政治、文化、社会以及生态文明建设之间的互动协同发展的关系和机理进行探究，也要对生态文明建设系统要素协同的原理进行分析，以寻找到生态文明建设与其他社会有机体子系统之间、生态文明建设构成要素协同发展的耦合点。通过文献回顾发现，目前学界尚无一个统一的标准，也鲜见相关的理论成果。本书从经验层面出发，围绕五大文明建设的目标任务进行分析，而没有在统一的理论框架内进行分析，这必然会导致分析的不全面。

3. 研究方法和论证方式存在不足

其一，论据不足，甚至有些部分的论据是缺失的。学术研究的科学性与论据有密切关系，生态问题的分析需要海量的数据、案例、访谈等作为支撑材料，但是一方面限于笔者自身的能力问题；另一方面也由于政府生态信息公开很不全面（笔者数次到环保部门调研，多以材料涉密拒绝），导致在论述中有些论点的论证不够充分，缺乏实证材料的支撑。其二，研究方法存在局限性。每一种研究方法都有其限定的范围和自身的局限性，对于生态问题的整体性把握需要综合使用多种研究方法以克服研究方法的局限。但本书使用的研究方法无论是广度还是深度都还与一项好的生态文明建设研究所需要的方法有较大的距离。其三，研究的对策现实可操作性有限。十八届三中全会通过的关于全面深化改革若干问题的决定，标志着我国的生态文明建设已经进入了一个以实践创新为主的新阶段，但是主客观条件都限制了研究提出的对策建议的实际效能。

4. 研究视野存在局限性

对西方马克思主义尤其是生态学马克思主义的系统研究不足是研究视野存在的一个缺陷。西方马克思主义是广义的马克思主义的组成部分，对传统的马克思主义有许多发展和有益的补充。生态学马克思主义更是从资本主义生态危机的视角对资本主义生产方式进行了多方面的批判。但本书只是部分地参照了西方生态学马克思主义的思想，并没有系统地发掘西方马克思主义对我国生态文明建设的参考意义。

研究视野的局限也体现在区域单位的选取上。省级行政区具有较强的政治动员能力和独立性，是实施生态文明建设发展战略最重要的空间单元。因此，本书选取省区作为区域单元进行分析，放弃了对其他区域单元的分析。但是生态文明建设区域协同发展的实现还有两个维度的区域问题值得关注。一个是东部、中部、西部和东北四大经济区域之间的生态文明建设协同发展问题。另一个是城乡区域之间的生态文明建设协同发展问题。

研究视野的局限还体现在没有把生态文明建设置于国际视野中，对全球性的生态文明建设与国内生态文明建设发展的关联影响分析缺失。十八大报告中指出，人类只有一个地球，各国共处一个世界，而国际性因素也是国内生态文明建设的重要影响变量，如关于气候变化的国际政治对我国的节能减排有直接影响、世界贸易组织政策会导致我国矿产资源总量控制制度发生重大变化。其次，生态问题的跨区域性在宏观上就体现为跨国问题，生态文明建设的协同发展也应当有国际与国内的协同。但国际性生态问题对我国生态文明建设的影响在本书中是缺失的，这是研究的又一个不足。

作为一个生态问题的初研者而言，本书必定还存在诸多的缺陷和不足，而所有的不足与缺陷都将成为笔者未来的努力方向。路漫漫其修远兮，吾将上下而求索。

参考文献

中文书籍

1. 《1844年经济学哲学手稿》，人民出版社1979年版。

2. 薄一波：《薄一波文选》，人民出版社1992年版。

3. 陈坤：《从直接管制到民主协商——长江领域水污染防治立法协调与法治环境建设研究》，复旦大学出版社2011年版。

4. 陈廷辉：《环境政策性立法研究》，中国政法大学出版社2012年版。

5. 曹明德：《生态法基本原理》，人民出版社2002年版。

6. 〔美〕查伦·斯普瑞特奈克：《真实之复兴：极度现代的世界中的身体、自然和地方》，中央编译出版社2001年版。

7. 陈劲：《协同创新论》，浙江大学出版社2012年版。

8. 方世南：《马克思环境思想与环境友好型社会研究》，生活·读书·新知三联书店，2014年版。

9. 福斯特：《生态危机与资本主义》，上海译文出版社2006年版。

10. 高小平：《政府生态管理》，中国社会科学出版社2007年版。

11. 顾龙生：《毛泽东同志经济年谱》，中共中央党校出版社1993年版。

12. 〔德〕哈肯：《协同学》，原子能出版社1977年版

13. 〔美〕亨廷顿：《变化社会中的政治秩序》，上海人民出版社2008年版。

14. 刘海藩：《现代领导百科全书·经济与管理卷》，中共中央党校出版社2008年版。

15. 刘湘溶：《我国生态文明建设发展战略研究》，人民出版社2013年版。

16. 刘小冰:《软法原理与中国宪政》,东南大学出版社 2010 年版。

17. 《马克思恩格斯选集》第 1 卷,人民出版社 1995 年版。

18. 《马克思恩格斯选集》第 2 卷,人民出版社 1995 年版。

19. 《马克思恩格斯选集》第 3 卷,人民出版社 1995 年版。

20. 《马克思恩格斯选集》第 4 卷,人民出版社 1995 年版。

21. 《马克思恩格斯文集》第 1 卷,人民出版社 2009 年版。

22. 《马克思恩格斯文集》第 2 卷,人民出版社 2009 年版。

23. 《马克思恩格斯文集》第 4 卷,人民出版社 2009 年版。

24. 《马克思恩格斯文集》第 5 卷,人民出版社 2009 年版。

25. 《马克思恩格斯文集》第 8 卷,人民出版社 2009 年版。

26. 《马克思恩格斯文集》第 9 卷,人民出版社 2009 年版。

27. 《马克思恩格斯文集》第 10 卷,人民出版社 2009 年版。

28. 《马克思恩格斯全集》第 1 卷,人民出版社 1976 年版。

29. 《马克思恩格斯全集》第 20 卷,人民出版社 1971 年版。

30. 《马克思恩格斯全集》第 23 卷,人民出版社 1972 年版。

31. 《马克思恩格斯全集》第 42 卷,人民出版社 1979 年版。

32. 《马克思恩格斯全集》第 44 卷,人民出版社 2001 年版。

33. 《马克思 恩格斯 列宁 斯大林 毛泽东同志关于社会主义经济理论问题的部分论述》,新华出版社 1984 年版。

34. 《马克思 恩格斯 列宁论意识形态》,中国社会科学出版社 2009 年版。

35. 《毛泽东文集》第八卷,人民出版社 1999 年版。

36. 江泽民:《高举邓小平同志理论伟大旗帜,把建设有中国特色社会主义事业全面推向二十一世纪》,人民出版社 1997 年版。

37. [美] 奥康纳:《自然的理由 生态学马克思主义研究》,南京大学出版社 2003 年版。

38. 秦玉琴:《新世纪领导干部百科全书》第 5 卷,中国言实出版社 1999 年版。

39. [法] 萨特:《辩证理性批判》,安徽文艺出版社 1998 年版。

40. 山西省统计局:《山西省人口普查资料》,中国统计出版社 2010 年版。

41. [日] 岩佐茂:《环境的思想》,中央编译出版社 1997 年版。

42. 叶必丰：《行政协议　区域政府间合作机制研究》，法律出版社 2010 年版。

43. 叶峻：《社会生态经济协同发展论》，安徽大学出版社 1999 年版。

44. 杨学功：《传统本体论哲学批判——对马克思哲学变革实质的一种理解》，人民出版社 2011 年版

45. ［俄］伊诺泽姆采夫：《后工业社会与可持续发展问题研究》，中国人民大学出版社 2004 年版。

46. 余敏江、黄建洪：《生态区域治理中的中央与地方府际间协调研究》，广东人民出版社 2011 年版。

47. 俞可平：《治理与善治》，社会科学文献出版社 2000 年版。

48. 王宏斌：《生态文明建设与社会主义》，中央编译出版社 2011 年版。

49. 汪丁丁：《新政治经济学讲义》，上海人民出版社 2013 年版。

50. 《我国代表团出席联合国有关会议文件集》（1972 年），人民出版社 1972 年版。

51. 《自然辩证法》，人民出版社 1984 年版。

52. 新华日报社：《中华人民共和国大事记》（1949—2004）（上），人民出版社 2004 年版。

53. 张平：《中国改革开放：1978—2008 综合篇》（下），人民出版社 2009 年版。

54. 《资本论》第三卷，人民出版社 2004 年版。

55. 中国 21 世纪议程管理中心：《发展的基础——中国可持续发展的资源、生态基础评价》，社会科学文献出版社 2004 年版。

56. 中共中央文献研究室、国家林业局：《毛泽东同志论林业》（新编本），中央文献出版社 2003 年版。

57. 中共中央文献研究室：《毛泽东同志著作专题摘编》（上），中央文献出版社 2003 年版。

58. 中共中央宣传部：《习近平同志总书记系列重要讲话读本》，学习出版社、人民出版社 2014 年版。

59. 周鑫：《西方生态现代化理论与当代中国生态文明建设》，光明日报出版社 2012 年版。

60. 朱贻庭：《伦理学大辞典》，上海辞书出版社 2002 年版。

中文期刊

1. 白春礼：《坚持科技创新 促进可持续发展》，《中国科学院院刊》2012 年第 3 期。

2. 曹小佳：《谁来配强环保一把手?》，《中国环境报》2014 年 12 月 17 日。

3. 崔凤军、杨永慎：《产业结构对城市生态环境的影响评价》，《中国环境科学》1998 年第 2 期。

4. 高长江：《生态文明建设：21 世纪文明发展观的新维度》，《长白学刊》2000 年第 1 期。

5. 郝华：《关于我国跨行政区水污染防治的思考》，《环境保护》2003 年第 6 期。

6. 洪璐、彭川宇：《城市环境治理投入中地方政府与中央政府的博弈分析》，《城市发展研究》2009 年第 1 期。

7. 胡锦涛：《高举中国特色社会主义伟大旗帜 为夺取全面建设小康社会新胜利而奋斗——在中国共产党第十七次全国代表大会上的报告》，《求是》2007 年第 21 期。

8. 胡锦涛：《坚定不移沿着中国特色社会主义道路前进 为全面建成小康社会而奋斗——在中国共产党第十八次全国代表大会上的报告》，《求是》2012 年第 22 期。

9. 黄学贤，黄睿嘉：《软法研究：现状、问题、趋势》，《公法研究》2012 年第 1 期。

10. 马强、秦佩恒、白钰：《我国跨行政区环境管理协调机制建设的策略研究》，《中国人口资源与环境》2008 年第 5 期。

11. 马燕：《我国跨行政区环境管理立法研究》，《法学杂志》2005 年第 5 期。

12. 《坚持节约资源和保护环境基本国策 努力走向社会主义生态文明建设新时代》，《人民日报》2013 年 5 月 25 日。

13. 金太军、唐玉青：《区域生态府际合作治理困境及其消解》，《南京师大学报》（社会科学版）2011 年第 5 期。

14. 李干杰：《认真贯彻落实党的十八大精神 努力为生态文明建设做出

积极贡献》，《中国环境报》2012 年 11 月 26 日。

15. 李国平、刘治国：《关于我国跨区环境保育问题的博弈分析》，《系统工程理论与实践》2006 年第 7 期。

16. 李军：《生态文明建设要靠教育"奠基"》，《中国环境报》2014 年 3 月 17 日。

17. 李英：《区域环境合作与可持续发展法制初探》，《法学家》2007 年第 2 期。

18. 刘文华：《协同学及其哲学意义（续）》，《国内哲学动态》1986 年第 8 期。

19. 《绿水青山就是金山银山》，《人民日报》2014 年 7 月 11 日。

20. 欧阳志远：《关于生态文明建设的定位问题》，《光明日报》2008 年 1 月 29 日。

21. 彭福扬、刘红玉：《实施生态化技术创新　促进社会和谐发展》，《中国软科学》2006 年第 4 期。

22. 《全国生态文明建设意识调查研究报告》，《中国环境报》2014 年 3 月 24 日。

23. 肖爱：《我国区域环境法治研究现状及其拓展》，《吉首大学学报》（社会科学版）2010 年第 6 期。

24. 任建兰、张淑敏、周鹏：《山东省产业结构生态评价与循环经济模式构建思路》，《地理科学》2004 年第 6 期。

25. 辛向阳：《中国共产党的领导是中国特色社会主义最本质特征》，《光明日报》2014 年 10 月 14 日。

26. 杨莉、康国定、戴明忠：《区际生态环境关系理论初探——兼论江苏省与周边省市的环境冲突与合作》，《长江流域资源与环境》2008 年第 6 期。

27. 杨妍、孙涛：《跨区域环境治理与地方政府合作机制研究》，《中国行政管理》2009 年第 1 期。

28. 叶必丰：《区域经济一体化的法律治理》，《中国社会科学》2012 年第 8 期。

29. 余谋昌：《马克思和恩格斯的环境哲学思想》，《山东大学学报》（哲学社会科学版）2005 年第 6 期。

30. 俞可平：《科学发展观与生态文明建设》，《马克思主义与现实》2005年第4期。

31. 余晓泓：《日本产业结构从环境污染型到环境友好型演变分析》，《上海环境科学》2005年第4期。

32. 王勇：《行政执法中的行政协助问题研究——以环境保护行政执法为例》，《行政与法》2011年第6期。

33. 王如松：《略论生态文明建设》，《光明日报》2008年4月8日。

34. 王曦、邓旸：《我国环境管理中行政协助制度的立法思考》，《中国地质大学学报》社会科学版）2012年第4期。

35. 王曦：《建立环境与发展综合决策机制　实施可持续发展战略》，《经济界》2003年第5期。

36. 王珍：《协同学的哲学意义》，《贵州民族学院学报》（社会科学版）1989年第3期。

37. 王治河：《中国和谐主义与后现代生态文明建设的建构》，《马克思主义与现实》2007年第6期。

38. 赵建军：《加快推进生态文明建设制度建设》，《光明日报》2012年12月25日。

39. 张高丽：《大力推进生态文明建设　努力建设美丽中国》，《求是》2013年第24期。

40. 张巨成：《努力实现人与自然和谐发展》，《人民日报》2011年2月9日。

41. 张云飞：《生态文明建设：中国现代化的生态之路》，《理论视野》2008年第10期。

42. 周雪光、艾云：《多重逻辑下的制度变迁：一个分析框架》，《中国社会科学》2010年第4期。

中文学位论文

1. 杜秀娟：《马克思恩格斯生态观及其影响探究》，东北大学，2008年。

2. 胡佳：《跨行政区环境治理中的地方政府协作研究》，复旦大学，2011年。

3. 刘志欣：《中央与地方行政权力配置研究》，华东政法大学，2008年。

4. 邱跃华：《科学发展观视域下我国产业生态化发展研究》，湖南大学，2013 年。

中文会议论文

1. 杜群：《我国生态综合管理的政策与实践——生态功能区划制度探索》，《环境法治与建设和谐社会——2007 年全国环境资源法学研讨会（年会）论文集（第三册）》，2007 年。

2. 马小玲：《粤港环境合作：问题、解决方法及紧迫性》，《探索·创新·发展·收获——2001 年环境资源法学国际研讨会论文集》（下册），2001 年。

3. 秦鹏：《区际生态补偿：法律意义、制度价值与立法构想》，《水污染防治立法和循环经济立法研究——2005 年全国环境资源法学研讨会论文集（第三册），2005 年。

4. 王灿发：《我国跨行政区水环境管理的政策和立法分析》，《2003 年中国环境资源法学研讨会》，2003 年。

中文网站

1. 《2010 年中国省市区生态文明建设水平排名报告》，http：//cn. chinagate. cn/environment/2012－07/04/content＿25808111＿2. htm，2012－8－14。

2. 安徽省人民政府：《安徽省人民政府关于印发安徽省民生工程"十二五"规划的通知》，http：//www. ah. gov. cn/UserData/DocHtml/1/2013/7/12/5417873423217. html，2011－12－19。

3. BP：《BP 世界能源统计 2012》，http：//www. bp. com/zh＿cn/china/reports-and-publications/bp＿2012. html，2012－06－25。

4. 《部际联席会议》，http：//www. scopsr. gov. cn/zlzx/bzcs/201203/t20120326＿55622. html，2013－05－13。

5. 陈鸣：《翼城人口特区 一个县尘封 25 年的二胎试验》，http：//www. infzm. com/content/51194/，2010－10－01。

6. 陈玉宇：《中国的空气污染可能使北方人少活五年》，http：//www. gsm. pku. edu. cn/index/portal＿index＿portal＿page＿6. html? clipperUrl＝70/

46018. ghtm，2013 - 07 - 09。

7. 《国务院议事协调机构设置》，http：//news. xinhuanet. com/politics/
2008 - 04/24/content_ 8044828. htm，2013 - 05 - 13。

8. 胡鞍钢：《中国减贫成功的世界意义》，http：//news. xinhuanet. com/
politics/2014 - 10/17/c_ 127109108. htm，2014 - 10 - 17。

9. 《胡锦涛在清华大学百年校庆大会上的重要讲话》，http：//www.
bj. xinhuanet. com/bjpd_ sdzx/2011 - 04/25/content_ 22604972_ 1. htm，
2011 - 04 - 25。

10. 环保部：《2013 中国环境状况公报》，http：//www. gzhjbh. gov. cn/
dtyw/tt/gndttt/69402. shtml，2013 - 06 - 04。

11. 环保部：《中华环保联合会成立一周年献礼我国首次环保 NGO 调查揭
晓》，http：//www. mep. gov. cn/hjyw/200604/t20060422_ 76073. htm，
2006 - 04 - 22。

12. 《环境保护法》，http：//www. chinalawinfo. com，1989 - 12 - 26。

13. 《环境保护部华北环境保护督查中心》，http：//www. mep. gov. cn/
gkml/zzjg/qt/200910/t20091023_ 180885. htm，2013 - 05 - 14。

14. 冯洁、汪韬：《求解环境群体性事件》，http：//www. infzm. com/con-
tent/83316，2012 - 11 - 29。

15. 公众环境研究中心：《绿色选择倡议》，http：//www. ipe. org. cn/
index. aspx，2008 - 10 - 01。

16. 《关于印发〈国家环境保护"十二五"科技发展规划〉的通知》ht-
tp：//www. mep. gov. cn/gkml/hbb/bwj/201106/t20110628_ 214154. htm，
2011 - 06 - 09。

17. 《关于在重点民生项目中扩大生态文明建设范围的建议》，http：//
www. hainan. gov. cn/tiandata-rdjy - 5496. html，2014 - 05 - 08。

18. 《国务院第六次全国人口普查办公室国家统计局统计资料管理中心》，
第六次全国人口普查汇总数据，http：//www. stats. gov. cn/tjsj/pcsj/
rkpc/6rp/indexch. htm，2012 - 07 - 23。

19. 《国家生态文明建设教育基地管理办法》，http：//www. green-
times. com/green/news/lyyf/zcfg/content/2009 - 04/20/content_ 43208.
htm，2009 - 04 - 20。

20. 《科技部工业和信息化部关于印发2014—2015年节能减排科技专项行动方案的通知》，http：//www. most. gov. cn/mostinfo/xinxifenlei/fgzc/gfxwj/gfxwj2014/201403/t20140304_ 112112. htm，2014 – 03 – 04。

21. 孔健祥林：《日本独特环保教育》，http：//gongyi. ifeng. com/shehui/detail_ 2009_ 12/22/442231_ 0. shtml，2009 – 12 – 22。

22. 李建新：《未来我国人口竞争力恐落后于印度》，http：//www. cssn. cn/gx/gx_ gxms/201411/t20141127_ 1419199. shtml，2014 – 11 – 27。

23. 李克强：《要打一场治理雾霾的攻坚战、持久战》，http：//www. chinanews. com/gn/2014/02 – 28/5897886. shtml，2014 – 02 – 28。

24. 李志青：《生态环境保护管理体制的改革要义》，http：//news. hexun. com/2013 – 11 – 21/159887080. html，2013 – 11 – 21。

25. 联合国新闻部信息技术科：《将环境与发展问题纳入决策进程》，http：//www. un. org/chinese/events/wssd/chap8. htm，2002 – 04 – 18。

26. 《瞭望》新闻周刊：《让良好生态环境成为最普惠的民生福祉》，http：//news. xinhuanet. com/politics/2013 – 04/22/c_ 115486675. htm，2013 – 04 – 12。

27. 《绿色GDP》，http：//wiki. mbalib. com/wiki/绿色GDP，2014 – 06 – 28。

28. 《美国技术创新挣脱大自然束缚天然气够用100年》，http：//finance. sina. com. cn/chanjing/cyxw/20120401/022911733051. shtml，2012 – 04 – 01。

29. 《派出机构》：http：//www. mep. gov. cn/zhxx/jgzn/zsdw/pcjg/，2013 – 05 – 13。

30. 潘琦：《绿色GDP命运多舛：统计局官员不满环保部"越权"》，http：//finance. ifeng. com/a/20141022/13206732_ 0. shtml，2014 – 10 – 22。

31. 丘昌泰、汪韬、冯洁：《台湾环保运动如何从"街头闹"到"房间谈"》，http：//www. infzm. com/content/83318，2012 – 11 – 29。

32. 全国人大常委会：《中华人民共和国环境保护法》，http：//www. npc. gov. cn/huiyi/lfzt/hjbhfxzaca/2014 – 04/25/content_ 1861320. htm，2014 – 04 – 25。

33. 人民网：《环保部等六部委联合发布《全国环境宣传教育行动纲要（2011—2015 年）》，http：//politics. people. com. cn/GB/1027/14745114. html，2011 – 05 – 26

34. 《湿地正在蒸发的人类家园》，http：//www. cnwm. org/jy. do？op = details&id = 355，2010 - 12 - 16。

35. 《"十二五"国家战略性新兴产业发展规划》，http：//news. xinhuanet. com/energy/2012 - 07/21/c_ 123449379. htm，2012 - 07 - 21。

36. 世界银行生态局：《环境评价资源手册》，http：//info. worldbank. org/ etools/docs/library/39413/ea_ sourcebook_ env_ valuationcn. pdf，2014 - 10 - 05。

37. 宋功德：《什么造成了软法的负面效应》，http：//newspaper. jcrb. com/html/2010 - 09/23/content_ 54243. htm，2014 - 12 - 03。

38. 宋玉丽：《排污权交易存在的三大问题》，http：//news. h2o - china. com/html/2014/09/130779_ 1. shtml，2014 - 09 - 12。

39. 温家宝：《2007 年国务院政府工作报告》，http：//www. gov. cn/test/ 2009 - 03/16/content_ 1260188. htm，2007 - 03 - 17。

40. 温家宝：《扶贫标准补贴标准提高到 2300 元》，http：//www. chinanews. com/gn/2013/03 - 05/4615399. shtml，2013 - 03 - 05。

41. 新华社：《中国共产党章程》，http：//www. gov. cn/test/2008 - 08/01/ content_ 1061476. htm，2008 - 08 - 01。

42. 新华社：《中共中央关于全面深化改革若干重大问题的决定》，http：//news. xinhuanet. com/politics/2013 - 11/15/c_ 118164235. htm，2014 - 05 - 27。

43. 新华社：《中共中央政治局就推进生态文明建设进行集体学习》，http：//www. gov. cn/ldhd/2013 - 05/24/content_ 2410799. htm，2013 - 05 - 24。

44. 新华社：《中共中央、国务院近日印发了〈关于深化科技体制改革加快国家创新体系建设的意见〉》，http：//news. xinhuanet. com/mrdx/ 2012 - 09/24/c_ 131868366. htm，2012 - 09 - 24。

45. 新华社：《中共中央关于全面推进依法治国若干重大问题的决定》，http：//news. xinhuanet. com/politics/2014 - 10/28/c_ 1113015330. htm，2014 - 10 - 28。

46. 新华社：《关于改进地方党政领导班子和领导干部政绩考核工作的通知》，http：//politics. people. com. cn/n/2013/1209/c70731 - 237917

40. html，2013 – 12 – 29。

47. 新华网：《习近平主持中共中央政治局第六次集体学习》，http：// news. xinhuanet. com/video/2013 – 05/24/c_ 124761554. htm，2013 – 05 – 24。

48. 新京报：《全国 5 省设省级"环保警察"探路环境犯罪执法》，ht- tp：//ces. ruc. edu. cn/displaynews. php？id = 543，2014 – 10 – 27。

49. 习近平：《在庆祝中国人民政治协商会议成立 65 周年大会上的讲话》，http：//news. xinhuanet. com/yuqing/2014 – 09/22/c_ 127014744. htm，2014 – 09 – 22。

50. 谢丹、安焱家：《雾霾突袭光伏电站》，http：//www. infzm. com/con- tent/98863，2014 – 03 – 13。

51. 游识猷：《人口失控，环境逆袭》，http：//songshuhui. net/archives/ 65555，2012 – 03 – 27.

52. 张木兰：《环保组织助推提案进两会》，http：//www. gongyishibao. com/html/yaowen/6205. html，2014 – 03 – 12。

53. 郑永年：《中国的"行为联邦制"——中央—地方关系的变革与动力》，http：//www. 21ccom. net/articles/read/article_ 2013041981703_ 2. html，2013 – 04 – 19。

54. 中华人民共和国国务院新闻办公室：《2012 年中国人权事业的进展》，http：//news. xinhuanet. com/politics/2013 – 05/14/c_ 115758619_ 5. htm，2013 – 05 – 14。

55. 《中华人民共和国草原法》，http：//www. gov. cn/fwxx/content_ 2265097. htm，2013 – 05 – 14。

56. 《中华人民共和国环境影响评价法》，http：//news. xinhuanet. com/ zhengfu/2002 – 10/29/content_ 611415. htm，2002 – 10 – 29。

57. 《中华人民共和国可持续发展报告》，http：//dqs. ndrc. gov. cn/zttp/ lhgkcxdh/zgjz/201206/P020120612570378221135. pdf，2012 – 06 – 13。

58. 《中华人民共和国宪法》，http：//www. gov. cn/gongbao/content/2004/ content_ 62714. htm，2004 – 03 – 14。

59. 中国国务院扶贫开发领导小组办公室：《中国扶贫开发报告》，ht- tp：//news. xinhuanet. com/newscenter/2007 – 10/17/content_ 6896289.

htm, 2007 - 10 - 17。

60. 中国环境报：《推动环保公众参与　创新环境治理模式》，http：//
news. xinhuanet. com/politics/2014 - 07/31/c_ 126818187. htm, 2014 -
07 - 31。

61. 中国环境与发展国际合作委员会世界自然基金：《中国生态足迹报告》，
http：//www. footprintnetwork. org/images/uploads/China _ Report _ zh.
pdf, 2015 - 10 - 12。

62. 中国统计学会国家统计局统计科学研究所：《2013 年地区发展与民生
指数（DLI）统计监测结果》，http：//www. gov. cn/xinwen/2014 - 12/
31/content_ 2798811. htm, 2014 - 12 - 31。

63. 周生贤：《改革生态环境保护管理体制》，http：//www. zhb. gov. cn/
gkml/hbb/qt/201402/t20140210_ 267537. htm, 2014 - 02 - 10。

英文书籍

1. Collaborative Planning and Scientific Information》, University of Pennsylva-
nia, 2004 年版。DAVIDSON J、NORBECK J M：《Federal Leadership in
Clean Air Act Implementation：The Role of the Environmental Protection A-
gency. An Interactive History of the Clean Air Act》, Elsevier, 2012 年版。

2. HARVEY G D：《Environmental Education：A Delineation of Substantive
Structure》, Southern Illinois University, 1976 年版。

3. HUTCHINS W A：《Water Rights Laws in the Nineteen Western States》,
TheLawbook Exchange, Ltd. , 2004 年版。

4. JULIA W、STEVEN L Y：《Making Collaboration Work：Lessons From Inno-
vation in Natural Resource Management》, Island Press, 2000 年版。

5. MANDARANO L A：《Protecting Habitats：New York - New Jersey Harbor
Estuary Program

6. MURCHISON K M：《The Snail Darter Case：TVA Versus the Endangered
Species Act》, University Press of Kansas, 2007 年版。

7. SCHEBERLE D：《Federalism and Environmental Policy》, Georgetown Uni-
versity Press, 2004 年版。

8. SHERK G W：《Dividing the Waters：The Resolution of Interstate Water

Conflicts in the United States》，HagueNethetand：Martinus Nijhoff Publishers，2000 年版。

英文期刊

1. ADAMS W M：《The value of valuing nature》，《Science》，2014 年第 31 期。

2. DELLAPENNA J：《Transboundary Water Sharing and the Need for Public Management》，《Journal of Water Resources Planning and Management》，2007 年第 133 期。

3. EKBLADH D：《TVA：Grass – Roots Development，David Lilienthal，and the Rise and Fall of the Tennessee Valley Authority as a Symbol for U. S. Overseas Development，1933 – 1973》，Diplomatic History，2002 年第 3 期。

4. HANNAM I：《BORE B. DRAFTING LEGISLATION FOR SUSTAINABLE SOILS：A GUIDE》，《ICUN Policy and Environment Law》，2004 年第 52 期。

5. KENNEY D S：《Institutional Options for the Colorado River》，《Water Resources Bulletin》，1995 年第 31 期。

6. LINDASenden：《SOFT LAW，SELF – REGULATION AND CO – REGULATION IN EUROPEAN LAW：Where Do They Meet？》，《Electronic Journal of Comparative Law》，2005 年第 9 期。

7. LORENTZEN、LANDRY：《Undermining authoritarian innovation：The power of China's industrial giants》，《The Journal of Politics》，2014 年第 1 期。

8. MANDARANO L A、FEATHERSTONE J P、PAULSEN K：《Institutions for Interstate Water Resources Management》，《Jawra Journal of the American Water Resources ASSO》，2008 年第 1 期。

9. MCCORMICK Z L：《Interstate Water Allocation Compacts in the Western United States – Some Suggestions》，《Water Resources Bulletin》，1994 年第 3 期。

10. SHERK G W：《The Management of Interstate Water Conflicts in the Twenty – First Century》，《Environmental Law Journal》，2005 年第 3 期。

英文网站

1. 《About TVA》, http：//www. tva. com/abouttva/index. htm, 2013 - 09 - 23。

2. 《 About Congressional and Intergovernmental Relations. 》, http：// www. epa. gov/ocir/about. htm, 2013 - 09 - 21。

3. BP：《BP Statistical Review of World Energy. 》, http：//www. bp. com/content/dam/bp/pdf/Energy - economics/statistical - review - 2014/BP - statistical - review - of - world - energy - 2014 - full - report. pdf, 2014 - 08 - 22。

4. CDIAC：《United Nation Statistics Division》, http：//mdgs. un. org/unsd/ mdg/SeriesDetail. aspx? srid = 749, 2014 - 11 - 14。

5. ETYMONLINE：   《coordination》, http：//www. etymonline. com/index. php? allowed_ in_ frame = 0&search = coordination&searchmode = none, 2014 - 10 - 20。

6. ETYMONLINE：《synergy》, http：//www. etymonline. com/index. php? allowed_ in_ frame = 0&search = synergy&searchmode = none, 2014 - 10 - 03。

7. 《Regional offices》, http：//www2. epa. gov/aboutepa#pane - 4, 2013 - 09 - 21。

8. 《Regional Haze Rule》, http：//www. epa. gov/ttn/caaa/t1/fr_ notices/ rhfedreg. pdf, 2013 - 12 - 26。

9. 《Soil Conservation Act 1938 No 10》, http：//www. legislation. nsw. gov. au/ fullhtml/inforce/act + 10 + 1938 + FRIST + 0 + N, 2014 - 07 - 14。

10. world bank：《Country and Lending Groups》, http：//data. worldbank. org/about/country - and - lending - groups. 2014 - 12 - 26。

11. 《Tennessee Valley Auth. v. Hill . us supreme court center》, http：//supreme. justia. com/cases/federal/us/437/153/case. html. , 2013 - 10 - 17。

12. 《THE CLEAN AIR ACT》, http：//www. epw. senate. gov/envlaws/ cleanair. pdf, 2013 - 12 - 25。

13. 《Whitman v. American Trucking Associations》, http：//www. epa. gov/ttn/ naaqs/standards/ozone/data/2001_ court_ summary. pdf, 2013 - 10 - 17。

致　　谢

　　徜徉于法学和马克思理论数载之后，蒙恩师彭福扬先生不弃缀入门下，得幸问道于千年学府、百年名校——湖南大学。传道、授业、解惑，纵然笔者愚钝，恩师言传身教令弟子受益良多。弟子资质不佳，阅历尚浅，学业不精，行事欠妥，与先生期望相去甚远，自己尚难以满意，然先生依然教诲如初，每念于此，内心无比惭愧。恩师错爱，让弟子参与多项科研课题的申报和研究工作，提供诸多便利使弟子步入学术殿堂，觅得日后安身立命之所在。师母王树仁老师立足现实，对学生的生活多有关怀与指点，提点学生"脚踏实地"，于恩师"仰望星空"般的教诲相得益彰，促我成长，非常感激。

　　独在异乡为异客，却有高山流水音。笔者不才虽也走南闯北，但来到湖湘文化的圣地还是属于一个边缘人，孤独与冷漠时常充斥着我的世界。笔者能够完成学业还要归功于亦师亦友的刘红玉博士。她为师，开山铺路，指点迷津；为友，忠诚所托，知心相助。

　　三湘隽士讲研地，四海学人向往中。问道麓山，笔者有幸受教于鸿儒。陈谷嘉先生是当世之大儒。八十二岁高领的陈老是侯外庐先生的入室弟子，毕生研习；理学伦理思想，著作等身，成绩斐然。陈老坚持每日午后在岳麓山散步，笔者时常"围追堵截"式地请教，把陈老的养生之路变成了"哲学家小道"。老人家总是悉心解惑，不吝赐教，毫无保留地将治学的心得感悟传授予我，受益颇多。龙佳解先生是笔者得幸相识的另一位大哲。龙老精通马哲、西哲、中哲，可谓是学贯中西，通达古今。"望之俨然，即之也温，听其言也厉"，可谓是龙老的真实写照。无论是开坛布道，还是答疑解惑，龙老渊博的知识是笔者智识的增长和视野的开拓的正相关变量。本书的选题来源于罗能生老师主持的国家社科基金重大招标项目"推进我国区域经济、政治、文化、社会与生态的协同发展",在研究的过程中得到了罗老师、李琳老师、王良健老师、郭平老师、谢里老师的诸多指导,在此致以诚挚的谢意。

北京大学王朋岗博士、杨乐博士、陈超博士为笔者创造了求学于北京大学的机会,并为之付出了诸多辛劳,使我在未名湖畔修炼了攀登"博雅之塔"的能力和自信。北京大学的吴炳义、杨席宇、林乐鑫、路宽等博士宅心仁厚,将我"收编",使我的游学生活有了组织保障。中国政法大学的刘柏志教授、中国人民大学的蔡长昆博士与我相识多年,学识修养均在我之上,但两人竟然视我为知己,谈古论今,学问人生。华东理工大学的黄时进教授是笔者的师兄,笔者游学上海时畅谈甚欢,言传身教,使我对自己的学术发展有了更为清晰明确的认识。

孟子有云:得天下英才而教育之三乐也。笔者认为,能"与天下英才共习之"也是一乐。南开大学周恩来政府管理学院、北京大学人口研究所、北京大学政府管理学院和北京大学法学院、上海交通大学国际事务与公共管理学院均是国内高等教育的翘楚,精英云集,华夏槐市。笔者有幸能够在这些学府短期修行,博众家之长,实现一种自身的"兼容性发展"必须要感谢各所高校提供的机会。

四年四度麓山红,吾辈曾为湖大人。同门四载,济济一堂,求学问道;息息相通,同生共长。唐文艳、王浩峰虽为同学,但两人事业有成却也依然追梦不止,为我所仰慕;何杨、左从稳两个精灵般的师妹,为我枯燥冷清的南国求学生活增添了无数的欢乐;彭粲、杨晓阳是与我相处最长的两个师弟,对我学习和生活帮助甚多;邱跃华师兄、彭曼丽师姐在学习中互相鼓励,毕业后对我也依然关注;靳媛媛、梁也师妹与我一起在研究所学习,同欢乐共奋斗;还有曹洋铭、罗智舜、彭明、周军等同门,各位对我的帮助关怀一并谢之。杨果、杨超两位师弟虽专业有所差异,但是志同道合,四载麓山红,求学问道日长进,高山流水铭心田。

本书的问世必须要感谢它的"助产士"——中国社会出版社的杨晓芳编审。杨晓芳编审是本书的责任编辑,经过她细致认真地打磨,让书稿退却了原初状态的诸多瑕疵,实现了质的飞跃。饮水思源,深表感激!

在本书的写作过程中,我与施瑾女士组成家庭,而且我们的安迪小公主也在书稿校对之时向地球报到了。这既是一种生态化的发展，也是一种家庭与事业的协同发展。生态文明协同发展，从我做起。

处女座的性格影响我，试图感谢每一位博士阶段的贵人们，但情长纸短，挂一漏万。再次借后记对迄今为止在我人生道路中所有有缘遇见的和没有遇见但是影响了我的人道一声感谢。特别是对我的博士论文写作给予或多或少、直接或间接帮助的人衷心道一声感谢！

郭永园

甲午年冬月十一于麓山

丙申年丁酉月甲寅日改于山财博学楼